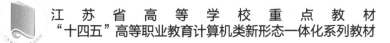

江苏省高等学校重点教材

"十四五"高等职业教育计算机类新形态一体化系列教材

数据库设计与应用
（MySQL）

主　编◎陈晓男

副主编◎张海越　俞　辉　陈　忱

U0172256

中国铁道出版社有限公司

CHINA RAILWAY PUBLISHING HOUSE CO., LTD.

内 容 简 介

本书以项目为载体，采用任务驱动方式，按照学生的学习规律和数据库实际操作顺序由易到难组织教学内容。本书共有两个项目，项目一是组织教学内容的项目载体，项目二以课后习题形式进一步加强学生操作训练。所有项目和任务都是以 MySQL 作为软件基础，通过任务让读者学会在 CentOS 7 系统下搭建数据库环境、数据库的基本操作以及数据库编程等高级操作。读者可根据需要自行选取项目中的不同任务组合学习，对于每个任务中的多个子任务也可以自行选取适合自身的内容组合学习。

本书着重在项目一中配备了以二维码为载体的微课，可使读者快速掌握数据库的基本操作和应用，并全面了解 MySQL 的管理和使用方法，整体上突出软件职业教育的技能训练、理实一体的特色。

本书适合作为高等职业院校软件及相关专业的数据库课程教材，也可作为初学者学习数据库的入门教材。

图书在版编目（CIP）数据

数据库设计与应用：MySQL/ 陈晓男主编 . —北京：中国铁道出版社有限公司，2021.8（2024.1 重印）
"十四五"高等职业教育计算机类新形态一体化系列教材
ISBN 978-7-113-28332-2

Ⅰ.①数… Ⅱ.①陈… Ⅲ.① SQL 语言－程序设计－高等职业教育－教材 Ⅳ.① TP311.132.3

中国版本图书馆 CIP 数据核字（2021）第 171143 号

书　　名：**数据库设计与应用（MySQL）**
作　　者：陈晓男

策　　划：翟玉峰　　　　　　　　　　　　　编辑部电话：(010) 83517321
责任编辑：翟玉峰　包　宁
封面设计：刘　颖
责任校对：苗　丹
责任印制：樊启鹏

出版发行：中国铁道出版社有限公司（100054，北京市西城区右安门西街 8 号）
网　　址：http://www.tdpress.com/51eds/
印　　刷：北京铭成印刷有限公司
版　　次：2021 年 8 月第 1 版　2024 年 1 月第 3 次印刷
开　　本：787 mm×1 092 mm 1/16　印张：13.25　字数：289 千
书　　号：ISBN 978-7-113-28332-2
定　　价：36.00 元

　　当今，全国高职院校都在原有课程教学改革的基础上进行课程资源的建设，课程数字化资源与纸质化资源的有机结合成为当今教材建设的主要方向。本书既体现了基于工作过程的教学理念，又使用二维码嵌入了微课，并且在教材中使用了MySQL 5.7.* 数据库软件作为载体，在内容、形式上有较大的突破，不论是在题材的选取上，还是在内容的组织上都有新意，并且提供了教学安排的参考。

　　本书充分体现项目课程设计思想，经过企业专家、职业教育专家以及具有多年教学经验的专业教师多次进行头脑风暴，按照"市场调研→确定工作任务和职业能力→课程设置→在本课程中应该掌握的技能→课程项目设计→教材内容"一步步进行认真的分析和研讨，结合数据库软件的发展情况，最终确定为现在的内容和组织形式。

　　本书主要有以下特点：

　　（1）基于实际岗位需求的内容设计。书中以数据库实际操作的标准进行项目和任务设计，使读者能够比较容易地掌握相关知识。

　　（2）以代码为主的讲授方法。书中以SQL代码为主，结合实际应用以及目前软件开发和大数据技术发展的编程需求，可自行选取任务组织教学，灵活方便。

　　（3）循序渐进的学习过程。书中充分考虑了学生的认知规律，并结合编者多年的教学和实践经验，精心设计项目与任务。项目一（超市管理系统）主要是在教师的带领下熟悉数据库的设计与应用；项目二（培训班管理系统）是在教师的指导下让学生熟悉数据库的设计与应用，加强学生的数据库应用能力。

　　（4）项目载体，任务驱动，理实一体。本书没有按常规教材划分章节，而是以项目为载体划分为若干个工作任务，每个工作任务划分为若干子任务，学习目标明确，任务贯穿知识点，理实一体化。每个任务分为任务描述、基础知识、任务实现、学习结果评价和课后作业。

　　（5）项目中任务相对独立，可根据专业选取组合。本书项目中的每个任务是相对独立的，读者可根据专业需要进行选取组合。每个任务过程完整，知识齐全，还多设置了问题情境环节，对于实际应用中可能会出现的问题做了详细解答，可帮助读者进一步掌握数据库的基础知识和操作技能。

本书由陈晓男任主编，张海越、俞辉、陈忱任副主编，其中工作任务1和工作任务12由陈忱编写，工作任务2至工作任务8由陈晓男编写，工作任务9由俞辉编写，工作任务10和工作任务11由张海越编写，课后作业及答案由陈晓男编写，书中的微课视频由课程组教师录制，全书由陈晓男统稿定稿。在本书编写过程中得到了高振栋、樊光辉、周之昊、孙靓等同行的支持和帮助，在此深表谢意。

在本书编写过程中，尽管编者尽了最大的努力，但由于时间仓促，水平有限，书中可能还存在不足和疏漏之处，欢迎广大读者批评指正。

编　者

2021年6月

目 录

认识数据库

学习目标

（1）能理解关系数据库管理系统的用途。

（2）能正确解读数据库需求分析。

（3）能正确理解概念模型、结构模型的概念及表现形式。

（4）能根据常用的概念模型（比如实体 - 联系模型）转换成结构模型（关系模型）。

（5）能正确理解关系模型规范化的概念及第一、第二和第三范式的含义。

（6）能使用绘图工具准确绘制实体 - 联系图。

（7）能搭建数据库应用环境。

最终目标

能将概念模型准确地转换成数据表，并建立数据库。

任务 1-1　掌握数据库基础知识

任务描述

本书中所有工作任务均使用超市管理系统数据库。超市里最直接面对客户的就是商品，因为超市中的商品非常多，常常要将这些商品的信息通过表格来存放，如表1-1-1所示。

表 1-1-1　商品信息表

商品编号	商品名称	价格 /元	库存数量	促销价格 / 元	单　位	规格型号
Sp001	瓜子	3.5	2 000	2.5	包	200 克 / 包
Sp002	夹心饼干	6.8	500	5.9	包	300 克 / 包
Sp003	榨菜碎米	1.9	300	1.5	包	100 克 / 包
Sp004	方便面	2.5	400	2.5	包	100 克 / 包

可以把表1-1-1看成是一个存放商品信息的数据库，可以根据需要随时随地了解超市中的商品情况或是添加商品等。但是超市管理系统所涉及的不仅仅是商品，还要面对购买商品的客户、超市中的工作人员、供货商等。这样，超市管理系统数据库就是包含商品、工作人员、供货商等相关信息的数据集合。

任务1-1要求能根据所学内容按照规则将E-R模型转换为关系模型。

基础知识

1. 数据库（Database，DB）

数据库是按照数据结构组织、存储和管理数据的仓库。是一个长期存储在计算机内的、有组织的、可共享的、统一管理的大量数据的集合。

2. 数据库管理系统（Database Management System，DBMS）

数据库管理系统是操作和管理数据库的计算机软件系统，用于建立、使用和维护数据库，对数据库进行统一管理和控制，以保证数据库的安全性和完整性。目前较为流行和常用的数据库管理系统有MySQL、SQL Server、Oracle、DB2等。

3. 关系数据库管理系统（Relational Database Management System，RDBMS）

MySQL是最流行的关系数据库管理系统，在Web应用方面，MySQL是最好的关系数据库管理系统应用软件之一。关系数据库管理系统是管理关系型数据库的计算机软件系统，常用术语如下：

（1）数据表：关系型数据库是指采用关系模型组织数据的数据库，以行和列的形式存储数据，即为数据表。一个关系对应一张二维表，每个关系都具有一个关系名，即表名。一个关系型数据库就是由若干个二维数据表及其之间的联系组成的数据组织。图1-1-1所示为数据表结构图。

Userid	Username	Userpw	Userstyle	列名
2011010330	张晓娟	547689	1	
2011010331	李美侠	231456	1	
2011010332	张成峰	123456	1	
2011010333	赵小霞	089764	1	行
2011010346	孙铭	sun43738291	1	
2011020348	张珊	650403	1	
2011020353	林云	740305	1	
2011020451	陈光耀	cgy830618	2	

关键字　　　　列

图 1-1-1　数据表结构图

（2）列：又称属性，或字段，是一组相同类型的数据。

（3）行：又称元组，或记录，是一组相关的数据。

（4）域：属性的取值范围，即数据表中某一列的取值限制。

（5）关键字：一组可以唯一标识元组的属性，又称主键，由一个或多个列组成。

（6）关系数据库：即关系模型数据库，是很多关系二维表的集合。关系二维表是关系的表现形式，表中每一列不可再分解，并且必须具有相同的数据类型，列名唯一；表中每一行内容都不相同，顺序不影响表中信息的意义。

4. 实体 - 联系模型（Entity Relationship Model，E-R 模型）

实体-联系模型可以很好地反映现实世界，用信息结构的形式将现实世界的状态表示出来，常用实体-联系图（E-R图）来表示。实体（Entity）是客观存在并可相互区分的事物，联系（Relationship）是现实世界中事物之间的相互联系。每个实体具有的特性称为属性，一个实体可以有多个属性，其中能够唯一标识实体的属性或属性组称为实体的码，该属性或属性组中的成员称为主属性（即关键字，或主键），主属性之外的属性称为非主属性。

5. E-R 模型向关系模型的转换规则

将E-R模型向关系模型转换就是要将实体、实体的属性和实体间的联系转换为关系模式。常用的转换规则有以下几点：

（1）每一个实体转换为一个关系模式（即一个二维表）。实体的属性就是关系的属性，实体的码就是关系的码。

（2）一个 $m:n$ 的联系（见图1-1-2中销售、交易和进货三个联系）转换为一个关系模式（即一个二维表），与该联系相关的两个实体的码以及联系本身的属性都转换成联系的属性，两个实体码的组合构成关系的码。

（3）一个 $1:n$ 和 $1:1$ 的联系不需要转换为一个关系模式。其中 $1:1$ 的联系可以与任意一端对应的关系模式合并；$1:n$ 的联系与 n 端对应的关系模式合并。

6. E-R 图

E-R图中有四个基本组成图素：

（1）矩形框，用来表示实体，在矩形框内写明实体名称。

（2）菱形框，用来表示联系，在菱形框内写明联系名称。

（3）椭圆形框（或者圆角矩形框，本书使用的是圆角矩形框），用来表示实体和联系的属性，在框内写明属性名称。

（4）直线，实体与联系之间，实体与属性之间，联系与属性之间都要使用无向直线连接，其中，连接联系的两个实体的直线端部需要标注联系的种类（一对一 $1:1$，一对多 $1:N$，多对多 $N:M$）。

7. 关系模型的规范化

（1）规范化。关系模型设计得不好，可能会存在同一个数据在系统中多次重复出现的情况，又称数据冗余，这种现象有可能造成操作异常。数据库的规范化就是减少或控制数据冗余、避免数据操作异常。通常，规范化可以帮助数据库设计人员确定哪些属性或字段属十哪个实体或关系。

（2）函数依赖。当一个或一组属性（主属性）的取值可以决定其他属性（非主属性）的取值时，就称非主属性函数依赖于主属性。函数依赖的程度可以决定关系规范化的级别，规范化后的关系称为范式（NF）。实际工作中的关系一般只规范化到第三范式（3NF）。

数据库设计与应用（MySQL）

学习笔记

（3）范式。

① 第一范式（1NF）。组成关系的所有属性都是不可分的原子属性。这样可以保证第一范式中没有重复的行，即在第一范式中，每个属性的域只包含单一的值。

② 第二范式（2NF）。在满足第一范式的前提下，关系的所有非主属性都完全函数依赖于主属性，即不包含部分依赖于主属性的属性。

③ 第三范式（3NF）。在满足第二范式的前提下，关系的所有非主属性都直接依赖于主属性，即不包含传递依赖于主属性的属性。

（4）规范化步骤。

① 删除表中所有重复的数据行，确定一个主键或复合主键。

② 确定表处于1NF状态，消除任何部分依赖性。

③ 确定表处于2NF状态，消除任何可传递依赖性。

任务实现

（一）操作条件

（1）提供超市管理系统整体E-R图，如图1-1-2所示。

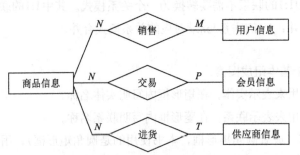

图 1-1-2　超市管理系统整体 E-R 图

（2）提供超市管理系统实体E-R图，如图1-1-3所示。

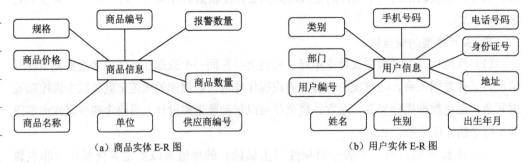

（a）商品实体 E-R 图　　　（b）用户实体 E-R 图

图 1-1-3　超市管理系统实体 E-R 图

4

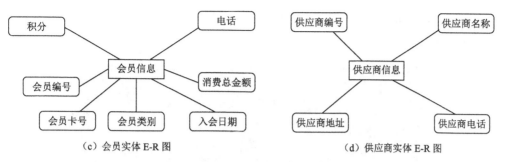

（c）会员实体 E-R 图　　　　　　　　（d）供应商实体 E-R 图

图 1-1-3　超市管理系统实体 E-R 图（续）

学习笔记

（二）安全及注意事项

（1）初次将E-R模型转换为关系模型，注意仔细阅读、学习转换规则。

（2）注意转换时，E-R模型中的属性与关系模型中的字段的对应。

（三）操作步骤

1. 分析超市管理系统的功能

结合实际生活中的中小型超市分析超市管理系统的功能：采购商品（进货）、销售商品、管理商品。要求能够用语言清楚地描述超市管理系统的各项功能。

2. 绘制自己的实体 - 联系图

明确超市管理系统的4个基本实体：商品、超市工作人员（用户）、顾客（超市会员）、供应商。参见图1-1-2和图1-1-3。

3. 参照转换规则，将实体 - 联系模型转换为关系模型

（1）每一个实体转换为一个关系模式：四个实体对应四个二维表：商品信息（商品编号，商品名称，商品价格，规格，商品数量，报警数量，计划进货数量，供应商编号）；用户信息（用户编号，用户姓名，用户密码，用户类别）；供应商信息（供应商编号，供应商名称，供应商地址，供应商电话）；会员信息（会员编号，会员卡号，消费总金额，注册日期）。

（2）一个多对多联系转换为一个关系模式，与该联系相关的两个实体的码以及联系本身的属性都转换成联系的属性，两个实体码的组合构成关系的码：实体-联系模型中有三个多对多联系，分别转换为三个关系模式，对应三个二维表：销售（销售编号，商品编号，销售日期，销售数量，销售价格，用户编号）；交易（交易编号，交易价格，交易日期，会员编号，用户编号）；进货（进货编号，商品编号，商品数量，商品价格，进货日期，库存状态，供应商编号）。

具体要求可参考上述操作中给出的四个实体表和三个联系表，属性允许有个别差异。

4. 完善关系模型

结合实际应用，完善关系模型中三个联系表的属性字段：

销售信息（销售编号，用户编号，商品编号，销售日期，销售数量，销售价格）；交易信息（交易编号，会员编号，交易日期，交易金额，用户编号）；进货信息（进货编号，

商品编号，供应商编号，商品数量，商品价格，进货日期，库存状态）。

　　具体要求可参考图1-1-4至图1-1-10。

```
+------------+-----------------+---------------+-------+
|            | Field           | Type          | Null  |
+------------+-----------------+---------------+-------+
商品编号    | merchid         | char(10)      | NO    |
商品名称    | Merchname       | varchar(50)   | NO    |
商品价格    | merchprice      | float         | NO    |
规格        | Spec            | varchar(5)    | NO    |
商品数量    | Merchnum        | int(11)       | NO    |
报警数量    | Cautionnum      | int(11)       | NO    |
计划进货数量 | Plannum         | int(11)       | NO    |
供应商编号  | Provideid       | varchar(10)   | NO    |
+------------+-----------------+---------------+-------+
```

图 1-1-4　实体 1——商品信息表（merchinfo）

```
+---------+-----------------+---------------+-------+
|         | Field           | Type          | Null  |
+---------+-----------------+---------------+-------+
用户编号 | Userid          | varchar(10)   | NO    |
用户姓名 | Username        | varchar(25)   | NO    |
用户密码 | Userpw          | varchar(50)   | NO    |
用户类别 | Userstyle       | int(11)       | NO    |
+---------+-----------------+---------------+-------+
```

图 1-1-5　实体 2——用户信息表（users）

```
+-----------+----------------+----------------+-------+
|           | Field          | Type           | Null  |
+-----------+----------------+----------------+-------+
供应商编号 | provideid      | varchar(10)    | NO    |
供应商名称 | providename    | varchar(100)   | NO    |
供应商地址 | provideaddress | varchar(250)   | YES   |
供应商电话 | providephone   | varchar(12)    | NO    |
+-----------+----------------+----------------+-------+
```

图 1-1-6　实体 3——供应商信息表（provide）

```
+-----------+----------------+----------------+-------+
|           | Field          | Type           | Null  |
+-----------+----------------+----------------+-------+
会员编号   | memberid       | varchar(10)    | NO    |
会员卡号   | membercard     | varchar(20)    | NO    |
消费总金额 | totalcost      | float          | NO    |
注册日期   | regdate        | datetime       | NO    |
+-----------+----------------+----------------+-------+
```

图 1-1-7　实体 4——会员信息表（member）

```
+-----------+-----------+-------------+------+
|           | Field     | Type        | Null |
+-----------+-----------+-------------+------+
销售编号    | saleid    | int(11)     | NO   |
商品编号    | Merchid   | varchar(10) | NO   |
销售日期    | Saledate  | datetime    | NO   |
销售数量    | Salenum   | int(11)     | NO   |
销售价格    | Saleprice | float       | NO   |
用户编号    | userid    | varchar(10) | NO   |
+-----------+-----------+-------------+------+
```

图 1-1-8　联系 1——销售信息表（sale）

```
+-----------+--------------+-------------+------+
|           | Field        | Type        | Null |
+-----------+--------------+-------------+------+
交易编号    | dealingid    | int(11)     | NO   |
交易价格    | Dealingprice | float       | NO   |
交易日期    | Dealingdate  | datetime    | NO   |
会员编号    | Memberid     | varchar(10) | NO   |
用户编号    | userid       | varchar(10) | NO   |
+-----------+--------------+-------------+------+
```

图 1-1-9　联系 2——交易信息表（dealing）

```
+-----------+-----------+-------------+------+
|           | Field     | Type        | Null |
+-----------+-----------+-------------+------+
进货编号    | stockid   | int(11)     | NO   |
商品编号    | Merchid   | varchar(10) | NO   |
商品数量    | Merchnum  | int(11)     | NO   |
商品价格    | Merchprice| float       | NO   |
进货日期    | Stockdate | datetime    | NO   |
库存状态    | Stockstate| int(11)     | NO   |
供应商编号  | provideid | varchar(10) | NO   |
+-----------+-----------+-------------+------+
```

图 1-1-10　联系 3——进货信息表（stock）

问题思考：实体-联系模型转换成关系模型时，实体间的联系转换出错。

解决方法：首先要判断出实体间的联系是一对一、一对多还是多对多，如果是一对一或一对多，不需要单独转换，如果是多对多，先将联系的两个实体的关键字转换成联系表中的属性，然后再根据联系的实际情况添加属性。

7

学习笔记

学习结果评价

序　号	评价内容	评价标准	评价结果（是 / 否）
1	知识与技能	能表述超市管理系统的功能	□是 □否
		能根据所表述的功能用实体 - 联系模型表达出来（E-R 图）	□是 □否
		能根据转换规则将实体 - 联系模型转换成关系模型	□是 □否
		能根据实际情况完善关系模型	□是 □否
2	职业规范	E-R 图格式正确	□是 □否
		转换文档格式整洁、规范	□是 □否
3	总评	"是"与"否"在本次评价中所占百分比	"是"占　　% "否"占　　%

课后作业

（1）将实体-联系模型用E-R图表示时，实体和联系分别使用什么图形表示？

（2）将实体-联系模型转换成关系模型时，什么样的联系需要单独转换成数据表？

（3）有一个培训班管理系统，功能管理模块如图1-1-11所示，需求信息如下：

① 用户分为管理员用户（管理员）和一般用户（学员）。

② 一名学员可以选择多个课程，一个课程可以被多个学员选择。

③ 一名学员可以多次请假。

④ 一名学员可以多次交费。

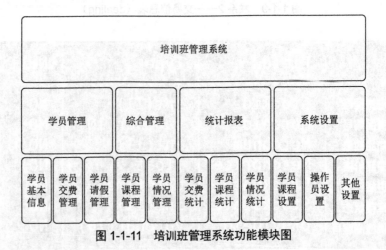

图 1-1-11　培训班管理系统功能模块图

请对上述需求进行总结，分析培训班管理系统数据库，相关数据项如下：

① 学员信息主要包括学员编号、姓名、性别、电话、联系地址、入学时间、状态、证件类型、证件号码等。

② 课程信息主要包括课程号、课程名、学费、开课时间、结束时间、课时等。

③ 管理员信息主要包括工号、用户名、密码等。

请根据以上信息绘制培训班管理系统E-R图。

任务 1-2　搭建 MySQL 数据库环境

学习笔记

任务描述

能按步骤在Linux操作系统（CentOS）中安装并启动MySQL 5.7，在安装过程中正确配置MySQL 5.7。

基础知识

（1）MySQL是一个跨平台的、轻量级的、安全的、高效的，并与PHP、Java等主流编程语言紧密结合的关系型数据库管理系统，其跨平台的支持可以在Windows、Linux、Mac等不同操作系统中使用同一套MySQL配置。

（2）本任务以CentOS为操作系统平台，CentOS（Community Enterprise Operating System，社区企业操作系统）是Linux发行版之一，它是来自于Red Hat Enterprise Linux依照开放源代码规定释出的源代码所编译而成。由于出自同样的源代码，因此有些要求高度稳定性的服务器以CentOS替代商业版的Red Hat Enterprise Linux使用。两者的不同在于CentOS完全开源。

（3）本任务在命令行状态下进行，CentOS系统中切换到命令行的快捷键是【Ctrl+Alt+F2（或F3、F4、F5和F6等）】。

（4）本任务中使用MySQL安装包的版本为5.7.31。

任务实现

（一）操作条件

（1）计算机配置建议：CPU为Intel i5及以上，内存8 GB及以上。并保证有一定的硬盘空间。

（2）已安装CentOS 7操作系统或Windows 10操作系统下的虚拟机环境。

（3）已下载MySQL安装包，可采用国内开源软件镜像源（Open Source Software Mirror）下载，常用的有：

中国科技大学 http://centos.ustc.edu.cn/。

清华大学 https://mirrors.tuna.tsinghua.edu.cn/

腾讯 https://mirrors.cloud.tencent.com/

网易 http://mirrors.163.com/

此外，还有阿里云、华为和搜狐等。

（二）安全及注意事项

（1）安装过程以超级用户root进行，命令行状态下普通用户切换到root用户的命令为su root，按【Enter】键后需输入root用户的密码。但是在Linux系统下，通常不建议直接切换

学习笔记

到root用户，而是使用在操作命令前加sudo命令，把本来只能由超级用户执行的命令赋予普通用户。

例如：

```
chmod -R 777 mysql 修改为 sudo chmod -R 777 mysql
```

（2）安装过程以普通用户进行，命令行中关键命令需在命令前加sudo，第一次需输入普通用户的密码（可以在系统中设置为免密）。

（3）以前的Linux系统中多数预装了MySQL数据库，后来因为MySQL部分功能开始收费，因此就没有集成在CentOS这些开源的Linux系统中了，如果想用的话需要自己安装。CentOS 7默认安装也不包含MySQL，而是在内部集成了mariadb作为替代。直接安装MySQL的话会和mariadb的文件冲突，所以需要先卸载mariadb，卸载mariadb的步骤如下：

查看mariadb进程状态：

```
rpm -qa|grep mariadb
```

卸载mariadb：

```
rpm -e --nodeps mariadb-libs-5.5.60-1.el7_5.x86_64
```

（4）注意下述操作过程中的命令均为连续输入，输入操作时不要换行。

（三）操作过程

1. 安装前解压缩 MySQL 安装压缩文件包

使用命令：

```
tar -xvf mysql-5.7.31-1.el6.x86_64.rpm-bundle.tar
```

会显示解压缩的文件，共有9个，如图1-2-1所示。

图 1-2-1　解压 MySQL 安装压缩文件包

2. 为避免出现权限问题，给 MySQL 解压文件所在目录赋予最大权限

使用命令：

```
chmod -R 777 mysql
```

赋予MySQL所在目录最大权限，如果无报错，返回到命令行等待输入状态就表示权限赋予成功。

3. 进入到解压后的文件夹内部

使用命令：

```
cd mysql-5.7.31-1.el6.x86_64.rpm-bundle
```

命令行提示符前路径已经改变。

4. 使用 rmp 命令安装 MySQL

（1）安装common

使用命令：

```
rpm -ivh mysql-community-common-5.7.31-1.el6.x86_64.rpm
```

（2）安装libs。

使用命令：

```
rpm -ivh mysql-community-libs-5.7.31-1.el6.x86_64.rpm
```

（3）安装client。

使用命令：

```
rpm -ivh mysql-community-client-5.7.31-1.el6.x86_64.rpm
```

（4）安装server。

使用命令：

```
rpm -ivh mysql-community-server-5.7.31-1.el6.x86_64.rpm --force --nodeps
```

使用rmp命令安装MySQL过程中，只要输入无错误，系统就会显示#字符的安装进度条，并在完成后返回到命令行等待输入状态。效果如图1-2-2所示。

问题思考一： 安装mysql-community-server-5.7.31-1.el6.x86_64.rpm时报错。

解决方法： 安装过程中，前几个包在安装时不需要输入参数"--force --nodeps"，因此在安装server包时容易忽视添加的参数，于是会报错。--force命令参数是强制安装，--nodeps命令参数是安装时不检查依赖关系。

问题思考二： MySQL的运行状态查看。

具体内容： 查看MySQL的进程可以使用ps aux|grep mysql或ps -elf|grep mysql命令，两种命令的输出大同小异，具体区别见Linux手册。

查看MySQL的运行状态可以使用systemctl status mysqld.service命令，当MySQL为启动状态时，输出为绿色圆点开始，如果为停止状态，则为白色圆点。效果如图1-2-3所示。

学习笔记

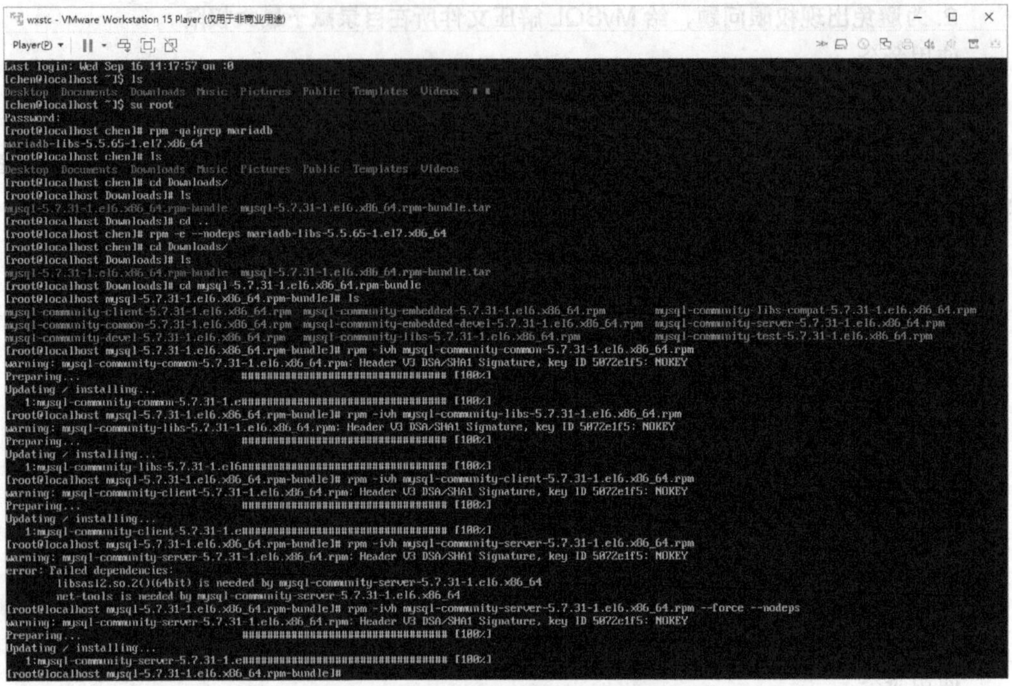

图 1-2-2　安装 MySQL 全过程

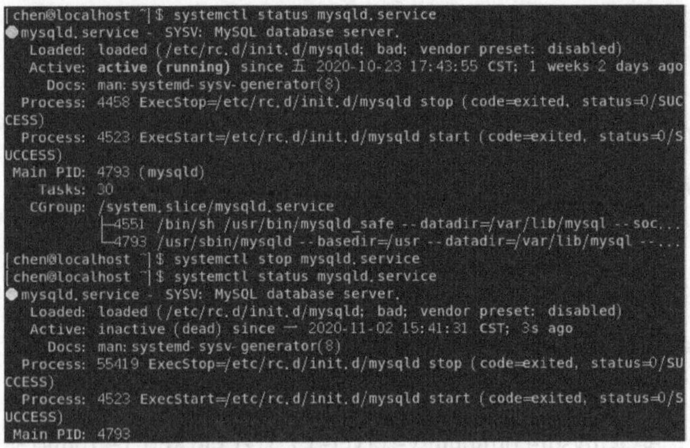

图 1-2-3　查看 MySQL 运行状态

问题思考三：MySQL服务的启动和停止相关命令有哪些。

启动命令：

```
systemctl start mysqld.service
```

停止命令：

```
systemctl stop mysqld.service
```

重启动命令：

```
systemctl restart mysqld.service
```

与前述相同，均需在root用户或sudo权限下使用。

学习笔记

学习结果评价

序　号	评价内容	评价标准	评价结果（是／否）
1	知识与技能	安装前解压缩安装包，解压生成文件夹，内含安装文件	□是 □否
		按顺序执行安装，成功安装	□是 □否
2	职业规范	使用 ps 命令查看 MySQL 是否启动	□是 □否
		使用 systemctl 命令输入正确执行启动与停止 MySQL 服务操作	□是 □否
3	总评	"是"与"否"在本次评价中所占百分比	"是"占　% "否"占　%

课后作业

查看MySQL的运行状态，进行启动和停止操作。

任务 1-3　设置 MySQL 密码与配置 MySQL 字符编码

任务描述

能掌握MySQL的密码设置方法和MySQL配置文件的编辑。

基础知识

（1）从MySQL 5.7版本开始会默认安装validate_password插件，此插件是为了防止设置的密码过于简单而降低数据库的安全性。在学习实验中，往往会考虑把密码设置得简单些，因此需要对validate_password插件进行设置。

（2）MySQL的配置文件在CentOS 7操作系统中的路径为/etc/my.cnf，在本安装实验中对该文件的操作主要用于设置字符串编码。

（3）密码约束条件。MySQL的validate_password 插件中的参数负责约束密码的强度和安全性，共有以下六个：

① validate_password_policy用于控制validate_password的验证策略 0-->low、1-->MEDIUM、2-->strong。

② validate_password_length密码长度的最小值（这个值最小是4）。

③ validate_password_number_count 密码中数字的最小个数。

④ validate_password_mixed_case_count大小写的最小个数。

⑤ validate_password_special_char_count 特殊字符的最小个数。

⑥ validate_password_dictionary_file 字典文件。

在MySQL命令行输入：

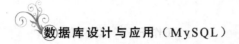

数据库设计与应用（MySQL）

 学习笔记

```
show variables like 'validate_password%';
```

可以查看所有validate_password相关的参数，如图1-3-1所示。

```
mysql> show variables like 'validate_password%';
+--------------------------------------+--------+
| Variable_name                        | Value  |
+--------------------------------------+--------+
| validate_password_check_user_name    | OFF    |
| validate_password_dictionary_file    |        |
| validate_password_length             | 8      |
| validate_password_mixed_case_count   | 1      |
| validate_password_number_count       | 1      |
| validate_password_policy             | MEDIUM |
| validate_password_special_char_count | 1      |
+--------------------------------------+--------+
7 rows in set (0.03 sec)
```

图1-3-1　查看密码参数

（4）字符串编码设置。MySQL的配置文件/etc/my.cnf中需要输入两个参数用于设置字符串编码，这两个参数分别是：

```
character_set_server=utf8
init_connect='SET NAMES utf8'
```

character_set_server参数用于设置服务器端的字符串编码；init_connect参数用于设置连接建立时使用的字符串编码。

在MySQL命令行输入：

```
show variables like 'character_set_%';
```

可以查看所有字符串编码相关的设置参数，如图1-3-2所示。

```
mysql> show variables like 'character_set%';
+--------------------------+----------------------------+
| Variable_name            | Value                      |
+--------------------------+----------------------------+
| character_set_client     | utf8                       |
| character_set_connection | utf8                       |
| character_set_database   | latin1                     |
| character_set_filesystem | binary                     |
| character_set_results    | utf8                       |
| character_set_server     | latin1                     |
| character_set_system     | utf8                       |
| character_sets_dir       | /usr/share/mysql/charsets/ |
+--------------------------+----------------------------+
8 rows in set (0.02 sec)
```

图1-3-2　查看字符串编码参数

14

在配置文件my.cnf中设置了字符编码后，显示的相关设置参数如图1-3-3所示。

 学习笔记

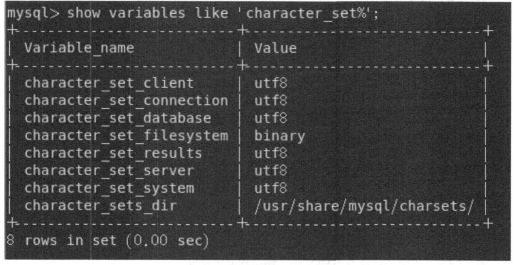

```
mysql> show variables like 'character_set%';
+--------------------------+----------------------------+
| Variable_name            | Value                      |
+--------------------------+----------------------------+
| character_set_client     | utf8                       |
| character_set_connection | utf8                       |
| character_set_database   | utf8                       |
| character_set_filesystem | binary                     |
| character_set_results    | utf8                       |
| character_set_server     | utf8                       |
| character_set_system     | utf8                       |
| character_sets_dir       | /usr/share/mysql/charsets/ |
+--------------------------+----------------------------+
8 rows in set (0.00 sec)
```

图 1-3-3　设置 my.cnf 文件后查看字符串编码参数

任务实现

（一）操作条件

MySQL数据库在安装并已正常启动服务之后，可以根据安装步骤中的查看MySQL状态命令查看MySQL运行状态。

（二）安全及注意事项

（1）本操作过程以超级用户root进行，或使用添加sudo命令，切换方法见任务1-2。

（2）本操作过程分别在命令行状态、vi编辑器状态和MySQL状态下进行，操作中必须清晰区分。MySQL命令行中输入命令需要加分号作为结束，即每一条命令最后输入完";"再按【Enter】键。

（3）注意输入一条命令时即使命令较长，一行不能输入完整也不要换行。

（三）操作过程

1. 打开 vi 编辑器编辑 mysql 配置文档

在系统命令行输入：vi /etc/my.cnf，打开vi编辑器。

2. vi 编辑

在文档内添加一行内容：skip-grant-tables，保存后退出。要求此操作结束后正确输入并保存退出。

3. 免密登录 MySQL，系统提示密码输入直接按【Enter】键

在系统命令行输入：mysql -u root -p，系统提示密码输入时直接按【Enter】键即可成功登录，命令行切换到MySQL命令行状态。

4. 切换数据库

在MySQL命令行输入：

```
use mysql;
```

切换数据库。如果输入无错误，系统就会显示信息"Database changed"。

5. 修改密码

在MySQL命令行输入如下命令：

```
update mysql.user set authentication_string=password('123456') where user='root';
```

输入无误就可以将MySQL的root用户密码修改为'123456'。

6. 退出 MySQL

在MySQL命令行输入：

```
exit;
```

命令输入无错误，就会退出MySQL，切换到系统命令行。

7. 重复步骤 1，在文档内将步骤 2 中添加的内容前添加"#"变为注释行，然后添加如下字符串编码设置内容

```
character_set_server=utf8
init_connect='SET NAMES utf8'
```

正确输入并保存退出就可以设置字符串编码为"utf8"。

8. 重启 MySQL 服务

在系统命令行输入：

```
systemctl restart mysqld.service
```

重新启动MySQL服务，无报错。

9. 使用新密码登录 MySQL

在系统命令行输入：

```
mysql -uroot -p123456
```

成功登录后命令行切换到MySQL命令行状态。

10. 设置 MySQL 密码策略强度和密码长度

在MySQL命令行输入：

```
set global validate_password_policy=LOW;
```

设置密码策略强度为低强度，在MySQL命令行输入：

```
set global validate_password_length=4;
```

设置密码长度为4。

11. 修改用户 root 的密码

在MySQL命令行输入：

```
alter user 'root'@'localhost' identified by '1234';
```

修改用户root的登录密码为'1234'。

12. 更新权限

在MySQL命令行输入：

```
flush privileges;
```

更新用户权限。

13. 重复步骤 6，退出 MySQL

问题思考：第一次安装完MySQL，不管是用临时密码登录还是通过免密方式修改密码登录，如果没有马上修改密码，对数据库的操作都会报错。

首先，如果没有在my.cnf配置文件中设置skip-grant-tables属性，则无法登录，如图1-3-4所示。

```
[chen@localhost etc]$ mysql -u root -p
Enter password:
ERROR 1045 (28000): Access denied for user 'root'@'localhost' (using password: NO)
[chen@localhost etc]$
```

图 1-3-4 未设置 skip-grant-tables 属性无法登录 MySQL

设置了skip-grant-tables属性后，登录直接使用alter命令修改密码，系统提示目前在"skip-grant-tables"状态，不能执行此命令，如图1-3-5所示。

```
mysql> alter user 'root'@'localhost' identified by '12345678';
ERROR 1290 (HY000): The MySQL server is running with the --skip-grant-tables
option so it cannot execute this statement
```

图 1-3-5   在 skip-grant-tables 状态下不能使用 alter 命令修改密码

在"skip-grant-tables"状态下，使用update命令更新密码，执行结果如图1-3-6所示。

```
mysql> update mysql.user set authentication_string=password('123456') where
user='root';
Query OK, 1 row affected, 1 warning (0.04 sec)
Rows matched: 1  Changed: 1  Warnings: 1
```

图 1-3-6   在 skip-grant-tables 状态下使用 update 命令更新密码

修改配置文件，退出"skip-grant-tables"状态，并重启MySQL服务后，重新以上述update命令的密码登录，此时输入命令，系统会提示必须先使用alter命令修改密码，如图1-3-7所示。

```
mysql> show variables like 'character_set%';
ERROR 1820 (HY000): You must reset your password using ALTER USER statement
before executing this statement.
```

图 1-3-7   退出 skip-grant-tables 状态重启 MySQL 服务并登录后必须先用 alter 命令修改密码

此时如果直接修改密码：

```
alter user 'root'@'localhost' identified by '1234';
```

学习笔记

就会触发MySQL的安全校验问题，如图1-3-8所示。

```
mysql> alter user 'root'@'localhost' identified by '1234';
ERROR 1819 (HY000): Your password does not satisfy the current policy requir
ements
```

图1-3-8　触发安全校验问题

此时，重新设置密码规则，然后即可修改密码为简单形式，如图1-3-9所示。

```
mysql> set global validate_password_policy=0;
Query OK, 0 rows affected (0.01 sec)

mysql> set global validate_password_length=4;
Query OK, 0 rows affected (0.00 sec)

mysql> alter user 'root'@'localhost' identified by '1234';
Query OK, 0 rows affected (0.01 sec)
```

图1-3-9　重置密码规则

命令中'root'@'localhost'的引号不加亦可。

学习结果评价

序　号	评价内容	评价标准	评价结果（是 / 否）
1	知识与技能	成功修改 MySQL 密码策略，并设置密码	□是 □否
		在 MySQL 配置文档中正确输入字符串编码设置	□是 □否
2	总评	"是"与"否"在本次评价中所占百分比	"是"占　　% "否"占　　%

课后作业

安装MySQL后配置所有密码和字符串编码设置。

任务 1-4　卸载 MySQL

任务描述

能在CentOS操作系统下完全卸载MySQL。其中MySQL卸载包括程序安装包的卸载和配置文件的删除。

基础知识

（1）卸载操作分为两部分：第一部分是卸载MySQL安装包；第二部分是删除MySQL相关目录和文档。

（2）在安装步骤中，共安装了以下四个程序包：

◎ mysql-community-common-5.7.31-1.el6.x86_64

◎ mysql-community-libs-5.7.31-1.el6.x86_64

◎ mysql-community-client-5.7.31-1.el6.x86_64

◎ mysql-community-server-5.7.31-1.el6.x86_64

四个包之间存在依赖关系，卸载中只需删除common包，则其他三个包都会被删除。

任务实现

（一）操作条件

CentOS系统中已安装MySQL数据库。

（二）安全及注意事项

（1）卸载过程以超级用户root进行，或使用添加sudo命令，切换方法见任务1-2。

（2）尽量按照卸载步骤的顺序卸载，否则容易出现卸载不干净的情况，会影响下一次数据库的安装。

（3）注意输入一条命令时即使命令较长，一行不能输入完整，也不要换行。

（三）操作过程

1. 卸载 MySQL 安装包

在系统命令行输入：

```
yum remove mysql-community-common-5.7.31-1.el6.x86_64
```

就会有相关显示输出，并显示依赖。继续使用：

```
yum remove mysql-xxx
```

依次卸载，直到MySQL的其他依赖全部卸载掉为止。

2. 删除 MySQL 默认文档存储目录

在系统命令行下输入：

```
rm -rf /var/lib/mysql
```

3. 删除 MySQL 默认安装目录

在系统命令行下输入：

```
rm -rf /usr/share/mysql
```

4. 删除 MySQL 的配置文档

在系统命令行下输入：

```
rm -rf /etc/my.cnf
```

5. 删除 MySQL 的日志文档

在系统命令行下输入：

```
rm -rf /var/log/mysqld.log
```

步骤2~5中，如果没有输入错误，就不会报错，返回到命令行等待输入状态。整个卸

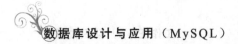

学习笔记

载MySQL的过程如图1-4-1所示。

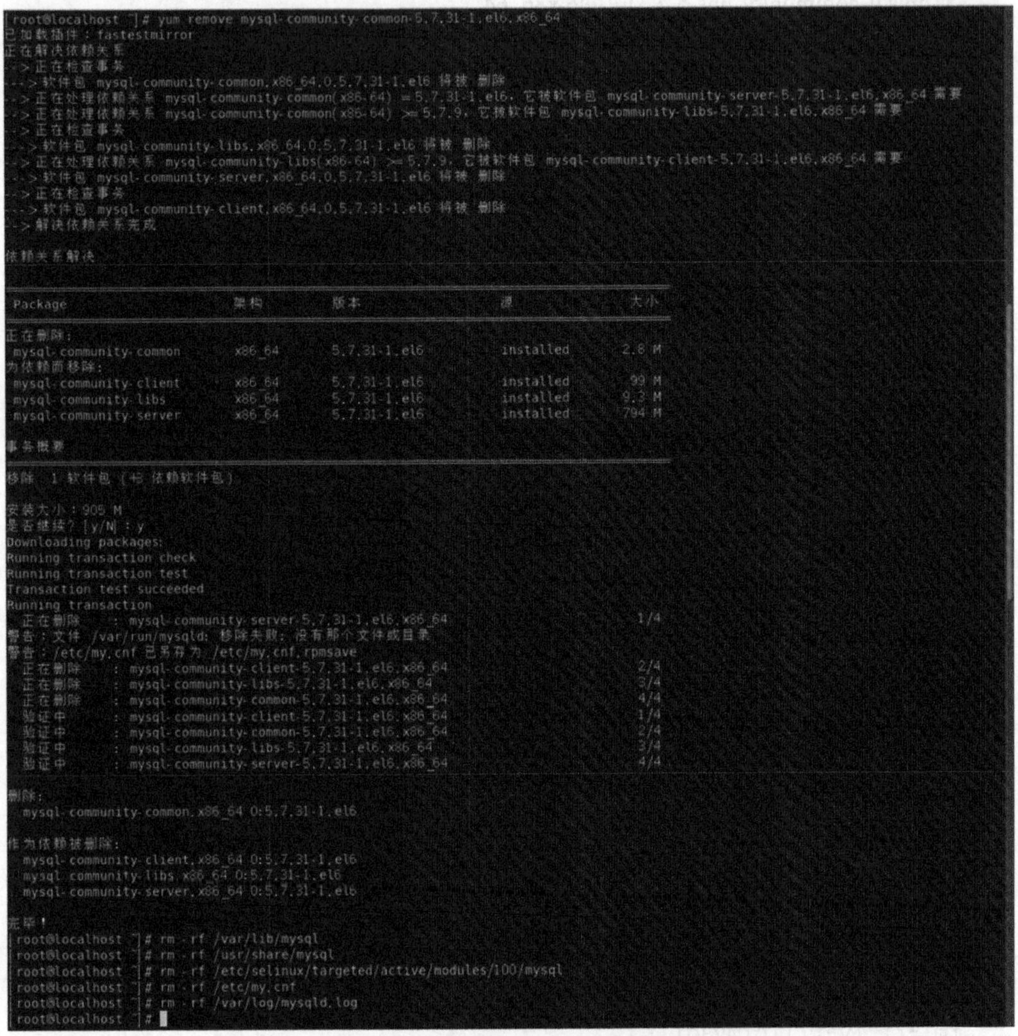

图 1-4-1　卸载 MySQL 安装包的过程

问题思考一：如何查看MySQL安装了哪些包？

命令行输入命令：

```
rpm -qa | grep -i mysql
```

如图1-4-2所示可看到4个程序包。

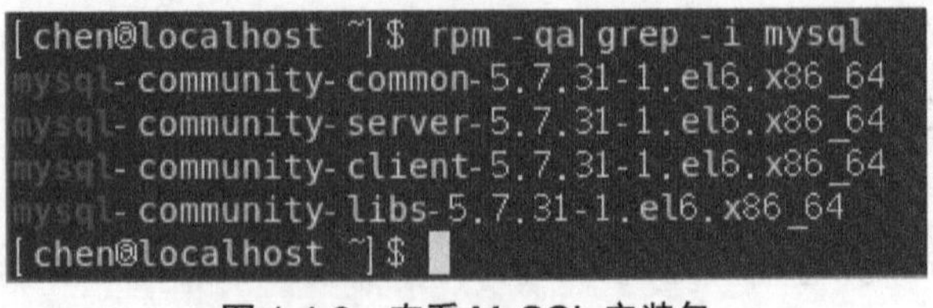

图 1-4-2　查看 MySQL 安装包

问题思考二： 如何查看系统中MySQL的相关目录？

命令行输入命令：

```
find / -name mysql
```

如果是普通用户，添加sudo。

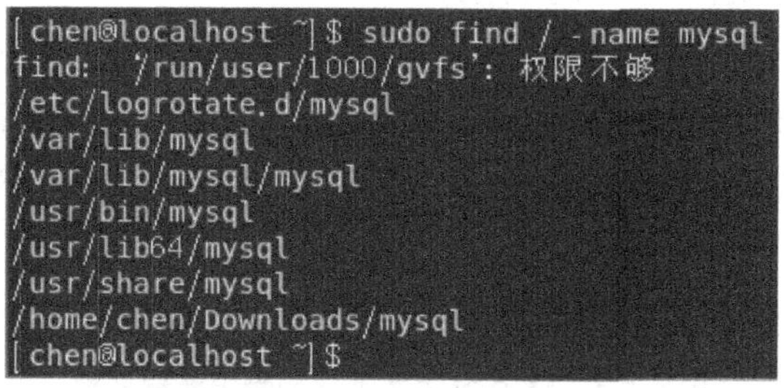

```
[chen@localhost ~]$ sudo find / -name mysql
find: '/run/user/1000/gvfs': 权限不够
/etc/logrotate.d/mysql
/var/lib/mysql
/var/lib/mysql/mysql
/usr/bin/mysql
/usr/lib64/mysql
/usr/share/mysql
/home/chen/Downloads/mysql
[chen@localhost ~]$
```

图 1-4-3　查看 MySQL 的相关目录

学习结果评价

序　号	评价内容	评价标准	评价结果（是 / 否）
1	知识与技能	使用 rpm 命令卸载 MySQL 安装包	□是 □否
		使用 find 命令查看相关文件夹和文档，并删除	□是 □否
2	总评	"是"与"否"在本次评价中所占百分比	"是"占　　% "否"占　　%

课后作业

参看MySQL卸载操作过程重新卸载MySQL安装包。

任务 1-5　创建与删除 MySQL 数据库和数据表

任务描述

在MySQL数据库管理系统中正确地创建数据库supermarket，并结合任务1-1中的E-R图在MySQL数据库管理系统中正确地创建数据表merchinfo等，在完成创建后可正确删除所创建的数据库和数据表。

基础知识

（1）数据库文件用于将数据存储为一个有组织的和结构化的格式，通过软件或Web应用可以很便捷地检索记录。数据库文件还可以包含关于连同数据本身所使用的数据库模型的细节。数据可以从一个数据库中使用类似结构化查询语言（SQL）的NoSQL等查询语言进行查询。

（2）关系数据库中以表为组织单位存储数据。根据表字段所规定的数据类型，可以向其中填入一条条数据，表中一行一行的信息称为记录。

（3）数据库的关键字是DATABASE，数据表的关键字是TABLE。

（4）CHARACTER是字符集。如果设置文件中已设置字符集，则创建命令中可以省略。多数情况下要选择一个支持中文的字符集。

（5）COLLATE：排序规则，一般来说每种CHARSET都有多种它所支持的COLLATE，并且每种CHARSET都指定一种COLLATE为默认值。例如，Latin1编码的默认COLLATE为latin1_swedish_ci；GBK编码的默认COLLATE为gbk_chinese_ci；utf8编码的默认值为utf8_general_ci。

（6）MySQL所支持的常用数据类型见表1-5-1。

表 1-5-1　MySQL 5.7 支持的常用数据类型

类　　别	数据类型	说　　明
整数	tinyint	从 0 ～ 255 之间的所有正整数
	smallint	从 -2^{15}（$-32\,768$）到 $2^{15}-1$（32 767）之间的所有正负整数
	mediumint	从 -2^{23}（$-8\,388\,608$）到 $2^{23}-1$（8 388 607）之间的所有正负整数
	int	从 -2^{31}（$-2\,147\,483\,648$）到 $2^{31}-1$（2 147 483 647）之间的所有正负整数
	bigint	极大整数型，从 -2^{63}（$-9\,223\,372\,036\,854\,775\,808$）到 $2^{63}-1$（9 223 372 036 854 775 807）之间的所有正负整数
浮点数	float	从 $-10^{38}-1$ 到 $10^{38}-1$ 之间的有固定精度和小数位数的数字数据
	double	从 $-1.79\text{E}-308$ 到 $1.79\text{E}+308$ 的浮点精度数字数据
	decimal	DECIMAL(M,D)，如果 M>D，为 M+2，否则为 D+2，数值范围依赖于 M 和 D 的值
日期和时间	date	从 1000-01-01 日到 9999-12-31 日
	time	从 $-838{:}59{:}59$ 到 838:59:59 的时间值或持续时间
	year	从 1901 到 2155 的年份
	datetime	从公元 1000 年 1 月 1 日零时起到公元 9999 年 12 月 31 日 23 时 59 分 59 秒之间的所有日期和时间，其精确度可达三百分之一秒，即 3.33 ms
	timestamp	从 1970-01-01 00:00:00 到 2038 年，结束时间是第 2 147 483 647 秒，北京时间 2038-1-19 11:14:07，格林尼治时间 2038 年 1 月 19 日凌晨 03:14:07
字符串	char	定义形式为 CHAR(n)，n 的取值为 0 ～ 255，固定长度的字符数据
	varchar	定义形式为 VARCHAR(n)，n 的取值为 0 ～ 65 535，可变长度的非 Unicode 字符数据
	tinytext	短文本字符串，大小为 0 ～ 255 字节
	blob	二进制形式的长文本数据，大小为 0 ～ 65 535 字节
	text	长文本数据，大小为 0 ～ 65 535 字节
	mediumblob	二进制形式的中等长度文本数据，大小为 0 ～ 16 777 215 字节
	mediumtext	中等长度文本数据，大小为 0 ～ 16 777 215 字节
	longblob	二进制形式的极大文本数据，大小为 0 ～ 4 294 967 295 字节
	longtext	极大文本数据，大小为 0 ～ 4 294 967 295 字节

任务实现

（一）操作条件

CentOS系统中已安装MySQL数据库。

（二）安全及注意事项

（1）注意表格中操作方法及说明一栏中的命令均为连续输入，输入操作时不要换行。

（2）命令格式里面的{database name}和{table name}为创建的库名和表名，具体使用时，库名或表名不需要使用"{}"。

（3）MySQL命令必须以分号结束。

（三）操作过程

1. 创建数据库，使用 MySQL 默认设置的字符集

命令格式为：

```
create database {database name};
```

例如，在MySQL命令行输入：

```
create database supermarket;
```

如果输入无误，提示信息中有"Query OK, 1 row affected"，表示成功创建数据库supermarket。

2. 创建数据库同时设定字符集

命令格式为：

```
create database {database name} CHARACTER SET {CHARSET NAME}
COLLATE {ORDER-RULE NAME};
```

例如，在MySQL命令行输入：

```
create database supermarket CHARACTER SET utf8 COLLATE utf8_general_ci;
```

如果输入无误，提示信息中有"Query OK, 1 row affected"，表示成功创建数据库supermarket，并设置字符集为utf8。

3. 查看数据库

成功创建数据库后，可通过命令：

```
show databases;
```

查看已经存在的数据库，效果如图1-5-1所示，从图中可以看到步骤1创建的suptermarket数据库。

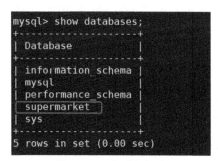

图 1-5-1　查看数据库

视频

建库及查看

4. 修改现有数据库的字符集

命令格式为：

```
alter database {database name} character set latin1;
```

例如，在MySQL命令行输入：

```
alter database supermarket character set latin1;
```

如果输入无误，提示信息中有"Query OK, 1 row affected"，将创建的supermarket数据库的字符集设置为latin1。

5. 打开数据库

命令格式为：

```
use {database name};
```

例如，打开刚才创建的supermarket数据库，则在MySQL命令行输入：

```
use supermarket;
```

如果输入无错误，系统显示信息"Database changed"。

6. 在 supermarket 数据库中创建数据表 merchinfo

创建数据表的基本格式为：

```
create table {table name} ({column name} {datatype} [constraint],...);
```

例如，按照任务1-1所示的E-R图创建表merchinfo，命令为：

```
CREATE TABLE merchinfo (
  merchid char(10) NOT NULL,
  Merchname varchar(50) NOT NULL,
  merchprice float NOT NULL,
  Spec varchar(5) NOT NULL,
  Merchnum int(11) NOT NULL,
  Cautionnum int(11) NOT NULL,
  Plannum int(11) NOT NULL,
  Provideid varchar(10) NOT NULL
);
```

如果输出无错误，提示信息中有"Query OK, 0 rows affected"，重新回到命令行提示符状态，表示成功创建数据表merchinfo。

7. 创建表的同时设置字符集

命令格式为：

```
create table {table name} ({column name} {datatype} [constraint],...)
ENGINE=InnoDB DEFAULT CHARSET={CHARSET NAME};
```

例如，步骤5中创建merchinfo表的同时设置字符集utf8，则命令为：

```
CREATE TABLE merchinfo (
```

视频

建表及查看

```
    merchid char(10) NOT NULL,
    Merchname varchar(50) NOT NULL,
    merchprice float NOT NULL,
    Spec varchar(5) NOT NULL,
    Merchnum int(11) NOT NULL,
    Cautionnum int(11) NOT NULL,
    Plannum int(11) NOT NULL,
    Provideid varchar(10) NOT NULL
) ENGINE=InnoDB DEFAULT CHARSET=utf8;
```

正确创建数据表merchinfo后，可按照同样的要求创建supermarket数据库中的其他6个数据表。

8. 查看数据表

①在MySQL中通过命令：

```
show tables;
```

查看已经在当前数据库中创建了哪些表，具体结果如图1-5-2所示。

②可通过命令：

```
desc[ribe] {table name};
```

查看具体某个表的结构。例如，要查看步骤6所创建的数据表merchinfo的结构，使用如下命令：

```
describe merchinfo;
```

查看到图1-5-3所示的数据表结构。

```
mysql> show tables;
+----------------------+
| Tables_in_supermarket |
+----------------------+
| dealing              |
| member               |
| merchinfo            |
| provide              |
| sale                 |
| stock                |
| users                |
+----------------------+
7 rows in set (0.00 sec)
```

图 1-5-2　查看数据表

```
mysql> describe merchinfo;
+-----------+-------------+------+-----+---------+-------+
| Field     | Type        | Null | Key | Default | Extra |
+-----------+-------------+------+-----+---------+-------+
| merchid   | char(10)    | NO   |     | NULL    |       |
| Merchname | varchar(50) | NO   |     | NULL    |       |
| merchprice| float       | NO   |     | NULL    |       |
| Spec      | varchar(5)  | NO   |     | NULL    |       |
| Merchnum  | int(11)     | NO   |     | NULL    |       |
| Cautionnum| int(11)     | NO   |     | NULL    |       |
| Plannum   | int(11)     | NO   |     | NULL    |       |
| Provideid | varchar(10) | NO   |     | NULL    |       |
+-----------+-------------+------+-----+---------+-------+
8 rows in set (0.01 sec)
```

图 1-5-3　查看 merchinfo 表结构

25

③可通过命令：

```
show create table {table name};
```

查看表创建时的详细信息。例如，要查看步骤6创建的数据表merchinfo的详细信息，使用如下命令：

```
show create table merchinfo;
```

查看到图1-5-4所示的创建表merchinfo的详细信息。

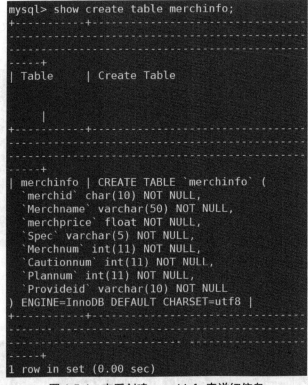

```
mysql> show create table merchinfo;
+-----------+----------------------------------------+
| Table     | Create Table                           |
+-----------+----------------------------------------+
| merchinfo | CREATE TABLE `merchinfo` (
 `merchid` char(10) NOT NULL,
 `Merchname` varchar(50) NOT NULL,
 `merchprice` float NOT NULL,
 `Spec` varchar(5) NOT NULL,
 `Merchnum` int(11) NOT NULL,
 `Cautionnum` int(11) NOT NULL,
 `Plannum` int(11) NOT NULL,
 `Provideid` varchar(10) NOT NULL
) ENGINE=InnoDB DEFAULT CHARSET=utf8 |
+-----------+----------------------------------------+
1 row in set (0.00 sec)
```

图 1-5-4　查看创建 merchinfo 表详细信息

9. 删除数据表

删除数据表的命令格式为：

```
drop table {table name};
```

例如，要删除步骤5创建的数据表merchinfo，命令为：

```
drop table merchinfo;
```

10. 删除数据库

删除数据库的命令格式为：

```
drop database {database name};
```

例如，要删除步骤1所创建的数据库supermarket，命令为：

```
drop database supermarket;
```

问题思考：MySQL中大小写有什么使用规则？

MySQL中的SQL命令不区分大小写。

MySQL数据库在Linux和Windows下大小写的设置不同，可以使用下面的命令查看：

```
mysql> show variables like '%case%';
```

在Linux服务器下如图1-5-5所示。

```
mysql> show variables like '%case%';
+-----------------------------------+-------+
| Variable_name                     | Value |
+-----------------------------------+-------+
| lower_case_file_system            | OFF   |
| lower_case_table_names            | 0     |
| validate_password_mixed_case_count | 1     |
+-----------------------------------+-------+
3 rows in set (0.00 sec)
```

图 1-5-5　Linux 服务器下查看 MySQL 数据库的大小写设置情况

在Windows服务器下如图1-5-6所示。

```
mysql> show variables like '%case%';
+------------------------+-------+
| Variable_name          | Value |
+------------------------+-------+
| lower_case_file_system | ON    |
| lower_case_table_names | 1     |
+------------------------+-------+
2 rows in set, 1 warning (0.00 sec)
```

图 1-5-6　Windows 服务器下查看 MySQL 数据库的大小写设置情况

lower_case_file_system变量用于描述数据目录所在的文件系统上文件名是否区分大小写。OFF表示文件名区分大小写，ON表示文件名不区分大小写。此变量是只读的。

lower_case_table_names变量的值可设置为0、1、2。

0：大小写敏感。（UNIX、Linux默认）创建的库表将原样保存在磁盘上，如前所述创建数据库Market。

1：大小写不敏感。（Windows默认）创建库表时，MySQL将所有的库表名转换成小写存储在磁盘上。SQL语句同样会将库表名转换成小写，如前所述创建数据库supermarket。

2：大小写不敏感（OS X默认）创建的库表将原样保存在磁盘上。

由此可知，在Linux系统下，SQL数据库名、表名和列名都是严格区分大小写的，在Windows下则只有列名区分大小写，数据库名和表名不区分大小写。

例如，在Linux下执行创建数据库的SQL语句"create database 'SuperMarket';"后，创建的数据库名为SuperMarket，而在Windows下则为supermarket，创建数据表的情况也同此。

学习笔记

学习结果评价

序　号	评价内容	评价标准	评价结果（是/否）
1	知识与技能	成功创建数据库 supermarket，无报错	□是 □否
		成功修改数据库 supermarket 的字符编码集，无报错	□是 □否
		打开 supermarket 数据库	□是 □否
		成功创建数据表 merchinfo，无报错	□是 □否
		成功删除数据表 merchinfo	□是 □否
		成功删除 supermarket 数据库	□是 □否
2	职业规范	命令中的大小写统一	□是 □否
3	总评	"是"与"否"在本次评价中所占百分比	"是"占　% "否"占　%

课后作业

1. 在MySQL数据库中创建数据库pxbgl。

2. 修改pxbgl的编码为utf8，排序规则为utf8_general_ci。

3. 打开pxbgl数据库。

4. 创建数据表student_info，具体属性为：学号：student_id，整型，自动增长，非空；姓名：student_name，20位可变长字符型，非空；性别：sex，2位字符型，非空；电话号码：telephone，13位可变长字符型，非空；地址：address，50位可变长字符型，非空；证件类型：IDtype，20位可变长字符型，非空；证件编号：IDnumber，20位可变长字符型，非空；入学时间：entrance_time，日期型，非空；状态：status，6位可变长字符型，非空；备注：memo，100位可变长字符型，可以为空。

5. 删除数据表student_info。

6. 删除数据库pxbgl。

学习笔记

工作任务 2

使用数据表

学习目标

（1）能按要求正确修改表的定义，即正确使用 alter table 语句。

（2）能正确向表中添加数据、修改表中数据、删除表中数据，即正确使用 insert 语句、update 语句和 delete 语句。

最终目标

能根据任务要求创建包含完整数据的数据表。

任务 2-1 修改数据表的定义

任务描述

根据要求修改supermarket数据库中已经存在的表的定义，包括修改表的名称、修改表中字段的名称、修改表中字段的数据类型，还包括增加表中字段、删除表中字段、更改表的存储引擎。

基础知识

（1）修改表名称的语句格式是：

```
alter table {old tablename} rename [to] {new tablename};
```

（2）修改表中字段的数据类型的语句格式是：

```
alter table {tablename} modify {columnname datatype};
```

（3）修改表中字段名称的语句格式是：

```
alter table {tablename} change {old columnname} {new columnname new datatype};
```

（4）增加表中字段的语句格式是：

```
alter table {tablename} add {columnname1 datatype [constraint约束]
[first|after columnname2];
```

29

（5）删除表中字段的语句格式是：

```
alter table {tablename} drop {columnname};
```

（6）更改数据表的存储引擎的语句格式是：

```
alter table {tablename} engine={enginename};
```

（7）MySQL存储引擎是指MySQL数据库中表的存储类型，包括InnoDB、MyISAM、MEMORY等，在创建表时存储引擎已经设定好，一般情况下为InnoDB，如果要改变可通过上述语句完成。

任务实现

（一）操作条件

supermarket数据库已经建好，并且已经创建好七个数据表。

（二）安全及注意事项

注意任务要求中提出的修改要求，输入语句时不要弄错alter table语句的后半部分内容。

（三）操作过程

（1）将supermarket数据库中名为merch的数据表更名为merchinfo。

使用命令：

```
alter table merch rename to merchinfo;
```

视频
修改表的定义

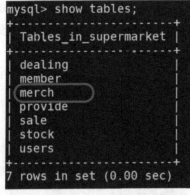

图 2-1-1　修改数据表名称（左图为修改前，右图为修改后）

（2）修改数据表users中的Userstyle字段的数据类型，将原来的int类型修改为tinyint类型。

使用命令：

```
alter table users modify Userstyle tinyint;
```

从图2-1-2中可以看到，users表的Userstyle的数据类型已经成功修改为tinyint，但由于

users表在原来的定义中是要求Userstyle字段不能为空,而修改时并没有加上not null限定,所以修改后显示该字段可以为空。

```
mysql> describe users;
+-----------+-------------+------+-----+---------+-------+
| Field     | Type        | Null | Key | Default | Extra |
+-----------+-------------+------+-----+---------+-------+
| Userid    | varchar(10) | NO   |     | NULL    |       |
| Username  | varchar(25) | NO   |     | NULL    |       |
| Userpw    | varchar(50) | NO   |     | NULL    |       |
| Userstyle | int(11)     | NO   |     | NULL    |       |
+-----------+-------------+------+-----+---------+-------+
4 rows in set (0.00 sec)
mysql> describe users;
+-----------+-------------+------+-----+---------+-------+
| Field     | Type        | Null | Key | Default | Extra |
+-----------+-------------+------+-----+---------+-------+
| Userid    | varchar(10) | NO   |     | NULL    |       |
| Username  | varchar(25) | NO   |     | NULL    |       |
| Userpw    | varchar(50) | NO   |     | NULL    |       |
| Userstyle | tinyint(4)  | YES  |     | NULL    |       |
+-----------+-------------+------+-----+---------+-------+
4 rows in set (0.00 sec)
```

图 2-1-2　修改表中字段数据类型(上图为修改前,下图为修改后)

(3)修改merchinfo表中merchid字段的名称,将原来的字段名称修改成首字母大写,数据类型和不能为空不变。

使用命令:

```
alter table merchinfo change merchid Merchid char(10) not null;
```

(4)向provide表中增加一个描述供应商联系人信息的字段providecontacts,要求新增加的字段数据类型为10位可变长字符型,允许为空。

使用命令:

```
alter table provide add providecontacts varchar(10);
```

可以得到图2-1-3所示的新的provide表结构。

```
mysql> describe provide;
+-----------------+--------------+------+-----+---------+-------+
| Field           | Type         | Null | Key | Default | Extra |
+-----------------+--------------+------+-----+---------+-------+
| provideid       | varchar(10)  | NO   |     | NULL    |       |
| providename     | varchar(100) | NO   |     | NULL    |       |
| provideaddress  | varchar(250) | YES  |     | NULL    |       |
| providephone    | varchar(12)  | NO   |     | NULL    |       |
| providecontacts | varchar(10)  | YES  |     | NULL    |       |
+-----------------+--------------+------+-----+---------+-------+
5 rows in set (0.00 sec)
```

图 2-1-3　增加字段的 provide 表结构

(5)删除provide表中刚增加的providecontacts字段。

使用命令:

```
alter table provide drop providecontacts;
```

（6）将users表的存储引擎设置为MyISAM。

使用命令：

```
alter table users engine=MyISAM;
```

更改表的存储引擎前后效果如图2-1-4所示。

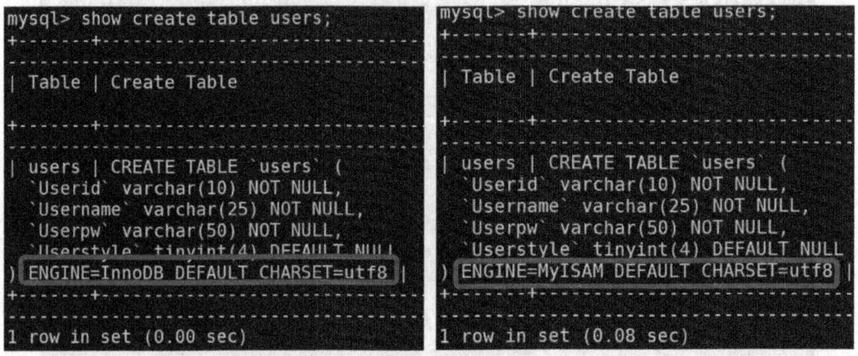

```
mysql> show create table users;
+-------+------------------------------
| Table | Create Table
+-------+------------------------------
| users | CREATE TABLE `users` (
  `Userid` varchar(10) NOT NULL,
  `Username` varchar(25) NOT NULL,
  `Userpw` varchar(50) NOT NULL,
  `Userstyle` tinyint(4) DEFAULT NULL
) ENGINE=InnoDB DEFAULT CHARSET=utf8 |
+-------+------------------------------
1 row in set (0.00 sec)
```

```
mysql> show create table users;
+-------+------------------------------
| Table | Create Table
+-------+------------------------------
| users | CREATE TABLE `users` (
  `Userid` varchar(10) NOT NULL,
  `Username` varchar(25) NOT NULL,
  `Userpw` varchar(50) NOT NULL,
  `Userstyle` tinyint(4) DEFAULT NULL
) ENGINE=MyISAM DEFAULT CHARSET=utf8 |
+-------+------------------------------
1 row in set (0.08 sec)
```

图2-1-4　更改表的存储引擎（左图是更改前，右图是更改后）

问题思考一：输入alter table命令时报错。

解决方法：按照上述6个操作过程以及7个知识点的内容检查输入的命令中是否有输入错误，尤其是表名、字段名等。

学习结果评价

序　号	评价内容	评价标准	评价结果（是/否）
1	知识与技能	正确修改指定表的名称	□是 □否
		正确修改指定表中指定字段的数据类型	□是 □否
		正确指定表中指定字段名称	□是 □否
		正确增加指定表中的字段	□是 □否
		正确删除指定表中的指定字段	□是 □否
		正确更改指定表的存储引擎	□是 □否
2	职业规范	输入命令是否注意大小写	□是 □否
		是否在修改前后做对比	□是 □否
3	总评	"是"与"否"在本次评价中所占百分比	"是"占　　% "否"占　　%

课后作业

1．将pxbgl数据库中的arrears表的名称更改为arrearage。

2．将pxbgl数据库中的class_info表中的inclass字段名称更改为ifinclass，数据类型仍然为50位可变长字符型，不能为空。

3．将题目2中ifinclass字段的数据类型更改为2位定长字符型，不能为空。

4. 向pxbgl数据库的student_info表增加一个存储学员年龄的字段sage，数据类型为tinyint，允许为空。

5. 删除题目4中新增加的sage字段。

任务 2-2   向数据表添加数据

任务描述

能根据任务要求正确地向数据表写入新的记录，即向表中添加一行或多行数据。

基础知识

（1）向数据表插入一条完整的记录。按照数据表默认的字段顺序添加数据的语句格式为：

```
insert into {tablename} values(value1,value2,……);
```

此时值的个数必须与表中定义的字段的个数一致，而值的数据类型也必须与表中定义的字段的数据类型一一对应。

（2）如果数据表中有允许为空的字段，在向数据表插入数据时，插入的记录可能是一条不完整的记录，此时的语句格式为：

```
insert into {tablename}(column1,column2,……) values(value1,value2,……);
```

此时表名后跟的字段的个数和数据类型必须与值的个数和数据类型相一致。向数据表插入一条完整的记录也可以使用该格式，如果使用该格式，字段的顺序可与表中定义的字段的顺序不同。

（3）在MySQL中，使用insert语句向表中添加数据时同时插入多条记录，具体语句格式为：

```
insert into {tablename}[(column list)] values(value list1),(value
list2),……,(value listn);
```

此时，字段列表中字段的个数和数据类型必须与值列表中值的个数和数据类型一致。

任务实现

（一）操作条件
supermarket数据库已经建好，并且已经创建好七个数据表。

（二）安全及注意事项
（1）注意任务要求中提出的添加数据要求，输入语句时不要弄错insert语句是否需要字段，或是字段列表与值列表之间是否匹配。

（2）注意任务要求提出的是添加一条记录，还是同时添加多条记录。

（三）操作过程

（1）向supermarket数据库的merchinfo表中添加一条完整的商品信息记录，具体内容为：商品编号（Merchid）：S700120102；商品名称（Merchname）：老面包；价格（merchprice）：5.00元；规格（Spec）：300克；商品数量（Merchnum）：30袋；报警数量（Cautionnum）：5袋；计划数量（Plannum）：50袋；供应商编码（Provideid）：G200312302。

可使用如下命令：

① 不指定字段名，按默认顺序插入完整的商品信息，具体命令如下：

```
insert into merchinfo
values('S700120102','老面包',5.00,'300克',30,5,50,'G200312302');
```

② 指定字段名，按指定顺序插入完整的商品信息，具体命令如下：

```
insert into merchinfo
(Merchid,Merchname,merchprice,Spec,Merchnum,Cautionnum,Plannum,Provideid)
values('S700120102','老面包',5.00,'300克',30,5,50,'G200312302');
```

成功插入完整的商品信息后，在merchinfo表的最后一行是商品"老面包"的详细内容，如图2-2-1所示。

Merchid	Merchname	merchprice	Spec	Merchnum	Cautionnum	Plannum	Provideid
S690180880	杏仁露	3	12厅/箱	50	2	50	G200312103
S800312101	QQ糖	12	10粒/袋	500	10	100	G200312105
S800313106	西红柿	22.4	30个/箱	50	5	20	G200312102
S800408101	方便面	29	20袋/箱	50	5	30	G200312101
S800408308	白糖	1.5	1斤/袋	100	10	50	G200312102
S800408309	胡萝卜	2	20斤/箱	20	1	15	G200312103
S700120101	提子饼干	7.8	200克	25	3	20	G200312302
S700120102	老面包	5	300克	30	5	50	G200312302

8 rows in set (0.00 sec)

图2-2-1　成功插入一条商品信息后

（2）向supermarket数据库的provide表中添加一条不完整的供应商信息记录，具体内容为：供应商编号（provideid）：G200312305；供应商名称（providename）：富胜贸易有限公司；供应商电话（providephone）：07692307767*。此处因为供应商信息表provide中的供应商地址（provideaddress）字段是可以为空的，所以在这里没有给该字段设置确切的值，也就是说，向provide表中添加的供应商信息是缺少供应商地址的。此时可使用如下命令：

说明：字段"供应商电话"中的电话条码为数字，均为虚拟号码，为避免巧合，对最后一位进行了处理，"*"代表一个数字。本书中后续出现类似情况，一律参照本说明。

```
insert into provide(provideid,providename,providephone)
values('G200312305','富胜贸易有限公司','07692307767*');
```

这条命令必须要指定字段名称，指定字段顺序插入一条不完整的供应商信息，没有给出的供应商地址的值自动插入一个NULL值，如图2-2-2所示。

```
+------------+------------------+------------------------+---------------+
| provideid  | providename      | provideaddress         | providephone  |
+------------+------------------+------------------------+---------------+
| G200312101 | 长春食品厂        | 吉林省长春市岭东路       | 04317845954*  |
| G200312102 | 朝阳食品有限公司   | 江苏省无锡市南长区       | 05108270378*  |
| G200312103 | 黑龙江食品厂      | 黑龙江省哈尔滨市         | 04514516547*  |
| G200312104 | 松原食品有限公司   | 江苏省江阴市            | 05105167809*  |
| G200312105 | 正鑫食品有限公司   | 江苏省无锡市北塘区       | 05108261345*  |
| G200312201 | 兴隆纸品有限公司   | 上海市浦东             | 02588992341*  |
| G200312301 | 宜兴紫砂厂       | 江苏省宜兴市           | 01385955445*  |
| G200312302 | 康元食品有限公司   | 江苏省               | 05101234543*  |
| G200312305 | 富胜贸易有限公司   | NULL                 | 07692307767*  |
+------------+------------------+------------------------+---------------+
9 rows in set (0.00 sec)
```

图 2-2-2　成功插入一条不完整的供应商信息后

（3）向supermarket数据库的sale表中添加四条完整的销售信息记录，具体内容如表2-2-1。

表 2-2-1　要添加的四条完整的销售信息内容

saleid	Merchid	Saledate	Salenum	Saleprice	userid
14	S800408101	2021-01-04 00:00:00	2	50	2011010330
15	S800312101	2021-01-04 00:00:00	2	24	2011010330
16	S800408308	2021-01-06 00:00:00	3	6	2011010331
17	S693648936	2021-01-30 00:00:00	2	175	2011010332

此时要求一次性添加多条记录，需要在insert语句的values关键字后面跟多个值列表。具体命令为：

```
insert into sale(saleid,Merchid,Saledate,Salenum,Saleprice,userid)
values(14,'S800408101','2021-1-4',2,50,'2011010330'),
(15,'S800312101','2021-1-4',2,24,'2011010330'),
(16,'S800408308','2021-1-6',3,6,'2011010331'),
(17,'S693648936','2021-1-30',2,175,'2011010332');
```

此时切记，一个insert语句中只能匹配一个values关键字，值列表使用一对圆括号括起来，值列表之间使用半角逗号分隔。

问题思考一：向表中同时添加多条记录信息时报错，如图2-2-3所示。

```
mysql> insert into sale(saleid,Merchid,Saledate,Salenum,Saleprice,userid) values(14,'S800408101','2021-1-4',2,50,'2011010330'),va
lues(15,'S800312101','2021-1-4',2,24,'2011010330'),values(16,'S800408308','2021-1-6',3,6,'2011010331'),values(17,'S693648936','20
21-1-30',2,175,'2011010332');
ERROR 1064 (42000): You have an error in your SQL syntax; check the manual that corresponds to your MySQL server version for the
right syntax to use near 'values(15,'S800312101','2021-1-4',2,24,'2011010330'),values(16,'S800408308','202' at line 1
```

图 2-2-3　向表中同时添加多条记录信息报错

解决方法：按照上述第3个操作中的语句检查输入的命令中是否有输入错误，会发现每个值列表前都有一个values关键字，这与一个insert语句只匹配一个values关键字的要求相悖。

问题思考二：向表中添加记录信息时是否还有其他方法？

学习笔记

回答是肯定的，除了在基础知识中讲到的三种格式外，向表中添加记录还可以使用如下语法格式：

```
insert into {tablename}
set column1=value1[,column2=value2,……];
```

比如，要向用户信息表（users）中添加一个新的用户，用户编号（userid）：2021020401；用户姓名（username）：张小红；用户密码（userpw）：×××××；用户类别（userstyle）：2。可以使用如下语句完成：

```
insert into users set userid='2021020401',username='张小红',
userpw='×××××',userstyle=2;
```

此处的set column1=value1[,column2=value2,……]与后面将要学习的修改表中数据语句的使用方法是一致的。

问题思考三：如何查看表中的数据是否发生变化？

解决方法：使用最基本的单表简单查询语句查看表中的信息，就可以得知表中的数据是否发生变化。具体语句格式为：

```
select {column1,column2,……|*}
from {tablename};
```

select语句格式较为复杂，后面会陆续学习相关知识和技能。在数据表的增加、修改、删除等基本操作中，可以使用上述格式查看表中的数据变化情况。格式中select子句后面可以跟具体的字段名称列表，也可以跟*表示表中的全部字段，表示查看表中指定字段的信息或是全部字段的信息。

学习结果评价

序 号	评价内容	评价标准	评价结果（是/否）
1	知识与技能	正确插入完整的指定表记录	□是 □否
		正确插入不完整的指定表记录	□是 □否
		正确插入多条指定表记录	□是 □否
2	职业规范	输入命令是否注意大小写	□是 □否
		是否在插入记录前后做对比	□是 □否
3	总评	"是"与"否"在本次评价中所占百分比	"是"占　% "否"占　%

课后作业

1. 向pxbgl数据库的student_info表中添加如下记录：

"4,杨修,男,82341111,无锡崇安区,学生证,123454,2010-09-03 00:00:00,正常,11月要参加比赛"，分别对应表中的字段：student_id,student_name,sex,telephone,address,IDtype,IDnumber,entrance_time,status,memo，此时字段的顺序和个数与建表时的字段顺序和个数完全一致。

2. 向pxbgl数据库的class_info表中添加如下记录：

"1,1,1,101教室,2020-09-05 13:00:00,是",分别对应表中的字段：id,student_id,course_id, classroom,classtime,ifinclass。

3．向pxbgl数据库的student_info表中添加如下记录：

"1,张林,女,85475825,无锡中桥,学生证,123456,2020-09-01 00:00:00,正常",分别对应表中的字段：student_id,student_name,sex,telephone,address,IDtype,IDnumber,entrance_time,status。

4．向pxbgl数据库的course_info表中一次性添加5条记录，具体为：

"6,Web项目开发,64,300,2020-09-05 00:00:00,2020-12-01 00:00:00,16",

"7,Linux操作系统,48,300,2020-09-05 00:00:00,2020-12-01 00:00:00,16",

"8,Python语言,64,300,2020-09-05 00:00:00,2020-12-01 00:00:00,16",

"9,大数据分析,64,300,2020-09-05 00:00:00,2020-12-01 00:00:00,16",

"10,数据可视化,32,300,2020-09-05 00:00:00,2020-12-01 00:00:00,16",分别对应表中的字段：course_id,course_name,perior,tuition,start_time,end_time,enabled_times。

任务2-3 修改表中数据

任务描述

能按照任务要求正确地修改表中一个或几个字段的值。

基础知识

（1）修改表中已经存在的数据，使用update语句实现，具体格式如下：

```
update {tablename}
set column1=value1[,column2=value2,……]
where condition expression;
```

update语句中的where子句用来设置修改表中数据的条件，即将满足条件表达式的那些记录中的字段名1的值改为值1，字段名2的值改为值2，依此类推。

（2）如果修改表中数据时没有设置条件表达式，则所做的修改将会针对表中全部记录，具体格式如下：

```
update {tablename}
set column1=value1[,column2=value2,……];
```

任务实现

（一）操作条件

supermarket数据库已经建好，并且已经创建好七个数据表。

（二）安全及注意事项

（1）注意任务要求中提出的修改数据要求，输入语句时不要弄错update语句是否需要设置条件。

（2）注意任务要求提出的是修改一个字段的值，还是修改多个字段的值。

（三）操作过程

（1）修改商品信息表中所有价格低于5.00元的商品价格，将满足条件的商品价格上调0.5元。

从图2-2-1中可以看到商品信息表中的记录，其中有三种商品的价格是低于5.00元的，可以使用如下语句实现任务要求：

● 视频

修改表中数据 ●

```
update merchinfo
set merchprice=merchprice+0.5
where merchprice<5;
```

修改后的商品信息表如图2-3-1所示。

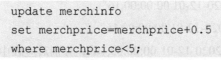

Merchid	Merchname	merchprice	Spec	Merchnum	Cautionnum	Plannum	Provideid
S690180880	杏仁露	3.5	12厅/箱	50	2	50	G200312103
S800312101	QQ糖	12	10粒/袋	500	10	100	G200312105
S800313106	西红柿	22.4	30个/箱	50	5	20	G200312102
S800408101	方便面	29	20袋/箱	50	5	30	G200312101
S800408308	白糖	2	1斤/袋	100	10	50	G200312101
S800408309	胡萝卜	2.5	20斤/箱	20	1	15	G200312103
S700120101	提子饼干	7.8	200克	25	3	20	G200312302
S700120102	老面包	5	300克	30	5	50	G200312302

8 rows in set (0.01 sec)

图 2-3-1　修改低于 5.00 元的商品价格后的商品信息表

（2）修改会员信息表（member），将2011年后（含2011年）注册的会员的会员卡号在原来的卡号前加"21"，消费总额在原来基础上增加500元。

原有会员信息表的信息如图2-3-2所示。

memberid	membercard	totalcost	regdate
1002300011	6325320200295144	3050.8	2009-09-08 00:00:00
1002300012	6325320200295145	5030	2009-09-08 00:00:00
1002300013	6325320200295146	12305.9	2009-09-08 00:00:00
1002300014	6325320200295147	1240	2009-09-09 00:00:00
1002300018	6325320200295161	345.6	2010-08-09 00:00:00
1002300019	6325320200295162	1624.7	2010-09-04 00:00:00
1002300022	6325320200295288	340.9	2011-05-01 00:00:00
1002300028	6325320200295298	340.9	2011-06-01 00:00:00

8 rows in set (0.00 sec)

图 2-3-2　会员信息表

根据任务要求，修改数据的条件是regdate>='2011-1-1'，修改的字段为membercard和totalcost，其中，消费总额增加500元，就是totalcost=totalcost+500，会员卡号在原来的卡号

学习笔记

前加"21"，就是在membercard字段前添加字符串"21"，需要使用方法concat，即：member card=concat('21',membercard)。完成任务要求的完整语句如下：

```
update member
set membercard=concat('21',membercard),totalcost=totalcost+500
where regdate>='2011-1-1';
```

成功执行完该语句后，会员信息表如图2-3-3所示，其中框线内的数据是修改过的。

```
+------------+----------------------+----------+---------------------+
| memberid   | membercard           | totalcost | regdate            |
+------------+----------------------+----------+---------------------+
| 1002300011 | 6325320200295144     |   3050.8 | 2009-09-08 00:00:00 |
| 1002300012 | 6325320200295145     |     5030 | 2009-09-08 00:00:00 |
| 1002300013 | 6325320200295146     |  12305.9 | 2009-09-08 00:00:00 |
| 1002300014 | 6325320200295147     |     1240 | 2009-09-09 00:00:00 |
| 1002300018 | 6325320200295161     |    345.6 | 2010-08-09 00:00:00 |
| 1002300019 | 6325320200295162     |   1624.7 | 2010-09-04 00:00:00 |
| 1002300022 | 216325320200295288   |    840.9 | 2011-05-01 00:00:00 |
| 1002300028 | 216325320200295298   |    840.9 | 2011-06-01 00:00:00 |
+------------+----------------------+----------+---------------------+
8 rows in set (0.00 sec)
```

图2-3-3 修改后的会员信息表

（3）将会员信息表（member）中全部会员的会员卡号（membercard）在原有值的前面添加"21"。可以使用如下语句：

```
update member set membercard=concat('21',membercard);
```

得到图2-3-4所示的结果。

```
+------------+----------------------+----------+---------------------+
| memberid   | membercard           | totalcost | regdate            |
+------------+----------------------+----------+---------------------+
| 1002300011 | 216325320200295144   |   3050.8 | 2009-09-08 00:00:00 |
| 1002300012 | 216325320200295145   |     5030 | 2009-09-08 00:00:00 |
| 1002300013 | 216325320200295146   |  12305.9 | 2009-09-08 00:00:00 |
| 1002300014 | 216325320200295147   |     1240 | 2009-09-09 00:00:00 |
| 1002300018 | 216325320200295161   |    345.6 | 2010-08-09 00:00:00 |
| 1002300019 | 216325320200295162   |   1624.7 | 2010-09-04 00:00:00 |
| 1002300022 | 216325320200295288   |    340.9 | 2011-05-01 00:00:00 |
| 1002300028 | 216325320200295298   |    340.9 | 2011-06-01 00:00:00 |
+------------+----------------------+----------+---------------------+
8 rows in set (0.01 sec)
```

图2-3-4 修改全部会员卡号后的会员信息表

问题思考一：在修改字符型字段数据时，可不可以使用"+"连接字符串？

不可以，在MySQL中，修改字符型数据要进行字符串连接，要使用concat()函数，格式为：

```
concat(str1,str2,…)
```

问题思考二：日期型数据如何比较？

日期型数据可以使用比较运算符进行比较，上述操作过程中的第2个任务中要求

学习笔记

2011年以后（含2011年）注册的，实质就是要求字段regdate是从2011年1月1日开始，即regdate>='2011-1-1'.

学习结果评价

序　号	评价内容	评价标准	评价结果（是/否）
1	知识与技能	正确完成修改一个字段值的任务	□是 □否
		正确完成修改多个字段值的任务	□是 □否
		正确完成修改表中全部记录的一个字段值任务	□是 □否
2	职业规范	输入命令是否注意大小写	□是 □否
		是否在修改数据前后做对比	□是 □否
3	总评	"是"与"否"在本次评价中所占百分比	"是"占　% "否"占　%

课后作业

1．修改pxbgl数据库中的课程信息表（course_info），将课程编号（course_id）为5的课程名（course_name）改成"数据库设计与应用"。

2．修改pxbgl数据库中的选课信息表（course_selection），将编号（id）为5的选课信息中的选课编号（course_id）修改为9，选课名称（course_name）修改为"大数据分析"。

3．修改pxbgl数据库中的学员信息表（student_info），将所有学员电话（telephone）号码前添加区号"0510"。

任务2-4　删除表中数据

任务描述

能按照任务要求正确地删除表中一行或多行记录。

基础知识

（1）使用delete语句删除表中已经存在的数据。格式如下：

```
delete from {tablename}
where condition expression;
```

delete语句中的where子句用来设置删除表中数据的条件，与update语句中的where子句类似，就是将满足条件表达式的那些记录从表中删除。

（2）使用没有条件表达式的delete语句删除表中全部已经存在的数据。格式如下：

```
delete from {tablename};
```

（3）使用truncate语句删除表中全部已经存在的数据。格式如下：

```
truncate [table] {tablename};
```

此处的关键字table是可选项，表示可以写，也可以不写，这个语句都可以实现删除表中全部已经存在的数据。

（4）对于同样是删除表中全部已经存在的数据，delete和truncate的区别如下：

① 语句的性质不同。delete语句是被归属到数据操纵语言（DML）范围的，而truncate语句是被归属到数据定义语言（DDL）范围的。

② 语句的结果不同。delete语句能够触发删除触发器的执行，如果遇到事务回滚，删除的数据会恢复，而truncate语句不能触发删除触发器的执行，删除后的数据不会恢复，如果表中有自动增值的字段，执行truncate语句后，会自动重新计数，而delete语句执行后不会。

任务实现

（一）操作条件
supermarket数据库已经建好，并且已经创建好七个数据表。

（二）安全及注意事项
（1）注意任务要求中提出的删除数据要求，输入语句时不要弄错delete语句是否需要设置条件。

（2）慎重使用truncate语句，数据一旦删除，无法恢复。

（三）操作过程
（1）删除用户信息表（users）中用户姓名（username）为"张小红"的用户信息。

根据任务要求，此时删除的是表中部分数据，条件是username='张小红'，完整的删除语句为：

```
delete from users where username='张小红';
```

执行成功后显示图2-4-1所示的信息。

```
mysql> delete from users where username='张小红';
Query OK, 1 row affected (0.00 sec)
```

图 2-4-1 成功执行带条件的 delete 语句

（2）删除用户信息表（users）中全部用户信息。

① 使用delete语句：

```
delete from users;
```

执行成功后显示图2-4-2所示信息。

```
mysql> delete from users;
Query OK, 8 rows affected (0.00 sec)
```

图 2-4-2 成功执行无条件 delete 语句

学习笔记

视频

删除表中数据

41

② 使用truncate语句：

```
truncate table users;
```

执行成功后显示图2-4-3所示信息。

```
mysql> truncate table users;
Query OK, 0 rows affected (0.00 sec)
```

图 2-4-3　成功执行 truncate 语句

学习结果评价

序　号	评价内容	评价标准	评价结果（是/否）
1	知识与技能	正确完成删除表中部分数据的任务	□是 □否
		正确完成删除表中全部数据的任务	□是 □否
2	职业规范	输入命令是否注意大小写	□是 □否
		是否在删除数据前后做对比	□是 □否
3	总评	"是"与"否"在本次评价中所占百分比	"是"占　% "否"占　%

课后作业

1. 删除pxbgl数据库的课程信息表（course_info）中课程名（course_name）为"网页制作"的课程信息。

2. 使用delete语句删除pxbgl数据库的选课信息表（course_selection)的全部选课信息。

3. 使用truncate语句删除pxbgl数据库的学员信息表（student_info）的所有学员信息。

工作任务 ③

↪ 查询单个数据表

学习目标

（1）能按要求使用 select 语句查询单个数据表中的所有字段或指定字段。

（2）能在 select 语句中正确使用运算符、使用条件子句以及不同的关键字进行查询。

（3）能正确使用聚合函数、分组子句等内容进行高级查询。

（4）能正确使用表别名、列别名进行查询。

最终目标

能根据任务要求熟练地针对单个数据表进行查询。

任务 3-1　认识 select 语句

✍ 任务描述

根据select语句的语法格式和操作要求完成从单个数据表中简单地查询数据。

📖 基础知识

（1）select语句的基本语法格式是：

```
select [distinct] *|{column1,column2,……}
from {tablename}
[where condition expression1]
[group by columnname [having condition expression2]]
[order by columnname [asc|desc]]
[limit [offset,] row count];
```

格式说明：

① select语句可以从数据表中读取一条或者多条记录。

② select语句使用星号（*）返回表的所有字段数据，这个星号称为通配符。

③ distinct是可选参数，用于剔除查询结果中重复的数据。

④ from子句表示从指定的数据表中查询数据。

⑤ where子句是可选项，用于指定查询的条件。

⑥ group by子句是可选项，用于将查询结果按照指定的字段进行分组，having子句只用于group by子句中，是可选项，用于对分组后的结果进行过滤。

⑦ order by子句是可选项，用于将查询结果按照指定字段进行排序，排序方式由参数asc或desc控制，其中asc表示按升序进行排列，desc表示按降序进行排列。如果不指定参数，默认按升序排列。

⑧ limit子句是可选项，用于限制查询结果的数量，limit后面可以跟两个参数，其中offset参数是可选的，必须是非负整数，用来指定select语句开始查询的数据偏移量，默认情况下偏移量为0，表示从查询结果的第一条记录开始计数，依此类推。row count参数是必选的，必须是非负整数，表示返回查询记录的条数。为明确表示偏移量和返回记录数，limit子句还可以写成：limit row count OFFSET offset，即使用OFFSET关键字明确offset参数是偏移量。

（2）作为查询语句，select语句中的from子句是必需的，但是select语句可以没有from子句，此时，select语句可用来做些简单的测试或是计算工作。

例如：使用select 8*7;进行计算，执行后可得到图3-1-1所示结果。

```
mysql> select 8*7;
+-----+
| 8*7 |
+-----+
|  56 |
+-----+
1 row in set (0.00 sec)
```

图 3-1-1　无 from 子句的 select 语句做计算

任务实现

（一）操作条件

supermarket数据库以及数据库内的七个数据表都已经创建好，并且每个数据表中都有完整的数据。

（二）安全及注意事项

注意任务要求中提出的数据查询要求，输入语句时不要弄错select语句的select子句和from子句。

● 视频

基本查询

（三）操作过程

（1）查询supermarket数据库中商品信息表（merchinfo）中所有商品信息。

参考select语句的语法格式，可以使用如下语句查看商品信息表中所有商品信息。

```
use supermarket;
select * from merchinfo;
```

此时使用*表示merchinfo表中所有字段。当然，如果知道表中所有字段的名称，也可以使用如下语句完成相同的查询。

```
select Merchid,Merchname,merchprice,Spec,Merchnum,Cautionnum,Plannum,
Provideid
from merchinfo;
```

也就是说，列出所有字段名称和使用通配符*都可以查询表中所有字段数据信息。

查询结果如图3-1-2所示。

```
mysql> select * from merchinfo;
+------------+------------+------------+---------+----------+------------+---------+------------+
| Merchid    | Merchname  | merchprice | Spec    | Merchnum | Cautionnum | Plannum | Provideid  |
+------------+------------+------------+---------+----------+------------+---------+------------+
| S690180880 | 杏仁露     |        3.5 | 12斤/箱 |       50 |          2 |      50 | G200312103 |
| S800312101 | QQ糖       |         12 | 10粒/袋 |      500 |         10 |     100 | G200312105 |
| S800313106 | 西红柿     |       22.4 | 30个/箱 |       50 |          5 |      20 | G200312102 |
| S800408101 | 方便面     |         29 | 20袋/箱 |       50 |          5 |      30 | G200312101 |
| S800408308 | 白糖       |          2 | 1斤/袋  |      100 |         10 |      50 | G200312102 |
| S800408309 | 胡萝卜     |        2.5 | 20斤/箱 |       20 |          1 |      15 | G200312103 |
| S700120101 | 提子饼干   |        7.8 | 200克   |       25 |          3 |      20 | G200312302 |
| S700120102 | 老面包     |          5 | 300克   |       30 |          5 |      20 | G200312302 |
| S700120103 | 抹茶西饼   |         20 | 300克   |       50 |          5 |      50 | G200312302 |
+------------+------------+------------+---------+----------+------------+---------+------------+
9 rows in set (0.30 sec)
```

图 3-1-2   查询商品信息表中所有商品信息

（2）查询supermarket数据库中商品信息表（merchinfo）中所有商品的商品编号（Merchid）、商品名称（Merchname）和商品价格（merchprice）。

参考select语句的语法格式，可以使用如下语句完成查询。

```
select Merchid,Merchname,merchprice
from merchinfo;
```

此处，必须根据任务要求列出要查询的字段名称，语句执行结果如图3-1-3所示。

```
mysql> select Merchid,Merchname,merchprice from merchinfo;
+------------+------------+------------+
| Merchid    | Merchname  | merchprice |
+------------+------------+------------+
| S690180880 | 杏仁露     |        3.5 |
| S800312101 | QQ糖       |         12 |
| S800313106 | 西红柿     |       22.4 |
| S800408101 | 方便面     |         29 |
| S800408308 | 白糖       |          2 |
| S800408309 | 胡萝卜     |        2.5 |
| S700120101 | 提子饼干   |        7.8 |
| S700120102 | 老面包     |          5 |
+------------+------------+------------+
8 rows in set (0.00 sec)
```

图 3-1-3   查询部分字段数据的查询语句执行结果

（3）查询supermarket数据库中商品信息表（merchinfo）中供应商编码。

根据所学内容，可以使用如下语句完成查询。

```
select provideid
from merchinfo;
```

得到图3-1-4左图所示的查询结果。

```
mysql> select provideid
    -> from merchinfo;
+-----------+
| provideid |
+-----------+
| G200312103 |
| G200312105 |
| G200312102 |
| G200312101 |
| G200312102 |
| G200312103 |
| G200312302 |
| G200312302 |
+-----------+
8 rows in set (0.00 sec)
```

```
mysql> select distinct provideid
    -> from merchinfo;
+-----------+
| provideid |
+-----------+
| G200312103 |
| G200312105 |
| G200312102 |
| G200312101 |
| G200312302 |
+-----------+
5 rows in set (0.00 sec)
```

图 3-1-4　查询供应商编码语句执行结果（左图是有重复值的，右图是去掉重复值的）

从图3-1-4左图中可以看到，框线中的内容是有重复值的，这对于查询结果来说是没有意义的，为此，在select子句中要使用distinct关键字去掉查询结果中的重复值。所以以上述语句要修改为：

```
select distinct provideid
from merchinfo;
```

从而得到图3-1-4右图所示的查询结果。

（4）查询supermarket数据库中商品信息表（merchinfo）的前3行数据。

参考select语句的语法格式可知，查询数据表前3行数据应该使用limit子句，而且此时只要求查询前3行，没有说明偏移量，即默认情况偏移量为0，可不写，则查询语句如下：

```
select * from merchinfo
limit 3;
```

查询结果如图3-1-5所示。

```
mysql> select * from merchinfo
    -> limit 3;
+-----------+-----------+-----------+---------+----------+------------+---------+------------+
| Merchid   | Merchname | merchprice | Spec    | Merchnum | Cautionnum | Plannum | Provideid  |
+-----------+-----------+-----------+---------+----------+------------+---------+------------+
| S690180880 | 杏仁露     | 3.5        | 12厅/箱 | 50       | 2          | 50      | G200312103 |
| S800312101 | QQ糖       | 12         | 10粒/袋 | 500      | 10         | 100     | G200312105 |
| S800313106 | 西红柿     | 22.4       | 30个/箱 | 50       | 5          | 20      | G200312102 |
+-----------+-----------+-----------+---------+----------+------------+---------+------------+
3 rows in set (0.00 sec)
```

图 3-1-5　查询商品信息表前 3 行数据

如果任务要求查询数据表中从第2行开始的3行数据，此时偏移量就不是0了，必须要在limit子句中写清楚偏移量，从第2行开始，则偏移量为1，查询语句就变为：

```
select * from merchinfo
limit 1,3;
```

也可写成：

```
select * from merchinfo
limit 3 OFFSET 1;
```

查询结果如图3-1-6所示。

```
| Merchid     | Merchname | merchprice | Spec    | Merchnum | Cautionnum | Plannum | Provideid  |
| S800312101  | QQ糖      | 12         | 10粒/袋 | 500      | 10         | 100     | G200312105 |
| S800313106  | 西红柿    | 22.4       | 30个/箱 | 50       | 5          | 20      | G200312102 |
| S800408101  | 方便面    | 29         | 20袋/箱 | 50       | 5          | 30      | G200312101 |
3 rows in set (0.01 sec)
```

图 3-1-6　查询商品信息表第 2 行开始的 3 行数据

学习结果评价

序　号	评价内容	评价标准	评价结果（是/否）
1	知识与技能	正确查询指定表中所有字段内容	□是 □否
		正确查询指定表中指定字段内容	□是 □否
		正确查询指定表中指定字段内容，并去除查询结果中的重复值	□是 □否
		正确查询指定表指定行数的数据	□是 □否
2	职业规范	输入命令是否注意大小写	□是 □否
		是否认真核实查询语句格式和要求	□是 □否
3	总评	"是"与"否"在本次评价中所占百分比	"是"占　% "否"占　%

课后作业

1．查询pxbgl数据库的学员信息表（student_info）中所有学员信息。

2．查询pxbgl数据库的学员信息表（student_info）中的学号（student_id）、姓名（student_name）和电话号码（telephone）。

3．查询pxbgl数据库的学员信息表（student_info）中的地址（address）信息，并删除查询结果中的重复值。

4．查询pxbgl数据库的课程信息表（course_info）中前5门课程信息。

任务 3-2 按条件查询

任务描述

能根据要求正确设置where子句的查询条件，并按照条件从单个数据表中查询数据。

基础知识

（1）数据库中的数据量大，很多时候查询是需要获取指定的数据，或对查询的数据进行重新排列，此时就需要指定查询条件对查询结果进行过滤，在select语句中使用where子句确定查询条件。用于表达查询条件的式子称为查询条件表达式，查询条件表达式需要使用运算符将字段、常量和变量等连接起来，常用的运算符见表3-2-1。

表 3-2-1 查询条件表达式的运算符

运算符分类	运算符	说　　明
关系运算符	=、◇、<、<=、>、>=、!=	"<>"和"!="都表示不等于
逻辑运算符	AND、OR 和 NOT	AND 连接两个或两个以上的条件，且只在所有条件都为真时才返回真；OR 也连接两个或两个以上的条件，但它只要任意一个条件是真时就返回真；NOT 逻辑运算符表示否定一个表达式
范围运算符	BETWEEN …AND NOT BETWEEN … AND	判断字段的值是否在指定范围内，BETWEEN…AND 包括边界值，NOT BETWEEN…AND 不包括边界值
列表运算符	IN、NOT IN	判断字段的值是否是列表中的指定值
模糊匹配运算符	LIKE、NOT LIKE	判断字段的值是否与指定的字符通配格式相符
空值判断运算符	IS NULL、IS NOT NULL	判断字段的值是否为空值（NULL）

（2）关系运算符又称比较运算符，是用来比较运算符两侧数据的大小，其中"<>"运算符和"!="运算符等价，表示不等于。关系运算表达式的结果只有真（1）和假（0）两种。

（3）模糊匹配运算符使用的关键字是LIKE，常用通配符见表3-2-2。[]和[^]是正则模糊匹配，此时模糊匹配的运算符要使用RLKE或REGEXP，并且需要使用一些参数表示特殊的意义，最为常用的是表示匹配字符串的开始位置的^和表示匹配字符串的结束位置的$，这两个参数放在[]外面，如：^[]、[]$。

表 3-2-2 常用通配符

通配符	含　　义	示　　例
%	任意多个字符，可以是 0 个	'A%' 表示以字母 A 开头的任意字符串
_	单个字符	'A_' 表示以字母 A 开头的长度为 2 的字符串
[]	指定范围内的单个字符	'A[m-p]' 表示第 1 个字符是字母 A，第 2 个字符是 m、n、o、p 中的一个字母的字符串
[^]	不在指定范围内的单个字符	'A[^m-p]' 表示第 1 个字符是字母 A，第 2 个字符是除了 m、n、o、p 以外的任意字符的字符串

任务实现

（一）操作条件

supermarket数据库以及数据库内的七个数据表都已经创建好，并且每个数据表中都有完整的数据。

（二）安全及注意事项

注意任务要求中提出的数据查询要求，输入语句时不要弄错where子句中相关运算符的使用方法。

（三）操作过程

1. 关系运算符的使用

任务3-2-1：查询销售表（sale）中所有用户编码（userid）为"2011010330"的销售信息记录。

任务要求查询的是sale表中的销售信息记录，没有说具体是什么字段的内容，所以select子句中应该是包含所有字段，可使用全部字段名，也可使用*代表所有字段，具体查询可使用如下语句：

```
select saleid,Merchid,Saledate,Salenum,Saleprice,userid
from sale where userid='2011010330';
```

或

```
select * from sale where userid='2011010330';
```

查询结果如图3-2-1所示。

图3-2-1 使用"="关系运算符查询结果

任务3-2-2：查询销售表（sale）中所有销售金额（saleprice）大于20元的销售信息记录的销售编号（saleid）、商品编号（merchid）和销售金额（saleprice）。

任务要求查询的条件是saleprice大于20元，则需要使用关系运算符">"，同时，任务要求查询具体的销售编号、商品编号和销售金额，所以实现语句为：

```
select saleid,merchid,saleprice
from sale
where saleprice>20;
```

查询结果如图3-2-2所示。

```
mysql> select saleid,merchid,saleprice
    -> from sale
    -> where saleprice>20;
+--------+------------+-----------+
| saleid | merchid    | saleprice |
+--------+------------+-----------+
|      1 | S800408101 |        25 |
|      4 | S693648936 |       175 |
|      5 | S800408101 |        25 |
|      6 | S693648936 |      87.5 |
|      7 | S693648936 |       175 |
|      8 | S693648936 |      87.5 |
|     10 | S693648936 |       175 |
|     11 | S800408101 |        25 |
|     12 | S693648936 |      87.5 |
|     13 | S693648936 |      87.5 |
|     14 | S800408101 |        50 |
|     15 | S800312101 |        24 |
|     17 | S693648936 |       175 |
+--------+------------+-----------+
13 rows in set (0.00 sec)
```

图 3-2-2　使用"＞"关系运算符查询结果

任务3-2-3：查询商品信息表（merchinfo）中所有不是由供应商编号（Provideid）为"G200312103"的供应商提供的商品信息，查询结果列出商品编号（Merchid）、商品名称（Merchname）和商品价格（merchprice）。

根据任务要求可知查询条件是供应商编号不等于"G200312103"，可使用如下语句完成查询：

```
select Merchid,Merchname,merchprice
from merchinfo
where Provideid <>'G200312103';
```

查询结果如图3-2-3所示。

```
mysql> select Merchid,Merchname,merchprice
    -> from merchinfo
    -> where Provideid<>'G200312103';
+------------+-----------+------------+
| Merchid    | Merchname | merchprice |
+------------+-----------+------------+
| S800312101 | QQ糖       |         12 |
| S800313106 | 西红柿     |       22.4 |
| S800408101 | 方便面     |         29 |
| S800408308 | 白糖       |          2 |
| S700120101 | 提子饼干   |        7.8 |
| S700120102 | 老面包     |          5 |
+------------+-----------+------------+
6 rows in set (0.00 sec)
```

图 3-2-3　使用"＜＞"关系运算符查询结果

结合表3-2-1所示内容，此查询的条件表达式还可写成：where Provideid!='G200312103'，查询结果不变。

 学习笔记

2. 逻辑运算符的使用

任务3-2-4：查询商品信息表（merchinfo）中所有商品价格（merchprice）在5元（含5元）到20元（含20元）之间的商品信息，查询结果列出商品编号（Merchid）、商品名称（Merchname）、商品价格（merchprice）和供应商编号（provideid）。

任务要求商品价格在5元到20元之间，也就是要求商品价格是大于或等于5元，同时小于或等于20元，根据表3-2-1中逻辑运算符的描述，此时可以使用AND运算符将两个关系表达式merchprice>=5和merchprice<=20连接在一起表示，即merchprice>=5 AND merchprice<=20，则完成此任务的查询语句可写成：

```
select Merchid,Merchname,merchprice,provideid
from merchinfo
where merchprice>=5 and merchprice<=20;
```

查询结果如图3-2-4所示。

```
mysql> select Merchid,Merchname,merchprice,provideid
    -> from merchinfo
    -> where merchprice>=5 and merchprice<=20;
+------------+-------------+------------+------------+
| Merchid    | Merchname   | merchprice | provideid  |
+------------+-------------+------------+------------+
| S800312101 | QQ糖        |         12 | G200312105 |
| S700120101 | 提子饼干    |        7.8 | G200312302 |
| S700120102 | 老面包      |          5 | G200312302 |
| S700120103 | 抹茶西饼    |         20 | G200312302 |
+------------+-------------+------------+------------+
4 rows in set (0.00 sec)
```

图 3-2-4　使用 and 逻辑运算符查询结果

任务3-2-5：查询会员信息表（member）中所有不是2010年注册的会员信息。

在member表中表示注册信息的字段是regdate，2010年注册可以使用regdate>='2010-1-1' and regdate<='2010-12-31'表示，任务要求查询不是2010年注册的会员信息，则条件表达式可以在表示2010年注册的表达式前添加表示否定的NOT逻辑运算符，即：NOT (regdate>='2010-1-1' and regdate<='2010-12-31')。查询语句为：

```
select * from member
where NOT (regdate>='2010-1-1' and regdate<='2010-12-31');
```

查询结果如图3-2-5所示。

```
mysql> select * from member
    -> where NOT (regdate>='2010-1-1' and regdate<='2010-12-31');
+------------+-------------------+-----------+---------------------+
| memberid   | membercard        | totalcost | regdate             |
+------------+-------------------+-----------+---------------------+
| 1002300011 | 6325320200295144  |    3050.8 | 2009-09-08 00:00:00 |
| 1002300012 | 6325320200295145  |      5030 | 2009-09-08 00:00:00 |
| 1002300013 | 6325320200295146  |   12305.9 | 2009-09-08 00:00:00 |
| 1002300014 | 6325320200295147  |      1240 | 2009-09-09 00:00:00 |
| 1002300022 | 6325320200295288  |     340.9 | 2011-05-01 00:00:00 |
| 1002300028 | 6325320200295298  |     340.9 | 2011-06-01 00:00:00 |
+------------+-------------------+-----------+---------------------+
6 rows in set (0.00 sec)
```

图 3-2-5　使用 not 逻辑运算符查询结果

3. 范围运算符的使用

根据表3-2-1中关于范围运算符的描述可知，between…and是包含边界值的，not between…and不包含边界值，可达到与之前结合使用逻辑运算符和关系运算符相同的结果。

任务3-2-4还可以使用范围运算符来完成，查询语句如下：

```
select Merchid,Merchname,merchprice,provideid
from merchinfo
where merchprice between 5 and 20;
```

查询结果与图3-2-4相同。

任务3-2-5也可以使用范围运算符来完成，查询语句如下：

```
select * from member
where NOT regdate between '2010-1-1' and '2010-12-31';
```

查询结果与图3-2-5相同。

4. 列表运算符的使用

列表运算符是用来判断某字段的值是否在指定的集合中，如果字段的值在集合中，则满足查询条件，否则，不满足。

任务3-2-6：查询供应商信息表（provide）中编码（provideid）为G200312101、G200312102、G200312103的供应商信息。

根据任务要求可使用逻辑运算符OR连接三个关系运算表达式达到查询条件，即：provideid='G200312101' or provideid='G200312102' or provideid='G200312103'，使用列表运算符可以简化查询条件，即：provideid in('G200312101','G200312102','G200312103')，查询语句如下：

```
select *
from provide
where provideid in('G200312101','G200312102','G200312103');
```

结合使用逻辑运算符和关系运算符的查询语句如下：

```
select * from provide
where provideid='G200312101' or provideid='G200312102' or
provideid='G200312103';
```

查询结果如图3-2-6所示。

```
+------------+------------------+------------------------+--------------+
| provideid  | providename      | provideaddress         | providephone |
+------------+------------------+------------------------+--------------+
| G200312101 | 长春食品厂       | 吉林省长春市岭东路     | 04317845954* |
| G200312102 | 朝阳食品有限公司 | 江苏省无锡市南长区     | 05108270378* |
| G200312103 | 黑龙江食品厂     | 黑龙江省哈尔滨市       | 04514516547* |
+------------+------------------+------------------------+--------------+
3 rows in set (0.00 sec)
```

图 3-2-6　使用 in 列表运算符查询结果

视频

模糊查询

5. 模糊匹配运算符的使用

任务3-2-7：查询供应商信息表（provide）中所有来自无锡的供应商信息。

来自无锡的供应商，也就是说供应商信息表（provide）中的供应商地址（provideaddress）字段应该出现"无锡"两个字，所以在设置查询条件时可写成：provideaddress like '%无锡%'，此处的"%"是专门用来表示模糊匹配的通配符，具体用法可参见表3-2-2。查询语句如下：

```
select * from provide
where provideaddress like '%无锡%';
```

查询结果如图3-2-7所示。

```
+------------+------------------+------------------------+--------------+
| provideid  | providename      | provideaddress         | providephone |
+------------+------------------+------------------------+--------------+
| G200312102 | 朝阳食品有限公司 | 江苏省无锡市南长区     | 05108270378* |
| G200312105 | 正鑫食品有限公司 | 江苏省无锡市北塘区     | 05108261345* |
+------------+------------------+------------------------+--------------+
2 rows in set (0.01 sec)
```

图 3-2-7　使用 like 模糊匹配运算符查询结果

如果供应商是来自无锡下属的县级市或是供应商地址没有写完整，在供应商地址中没有"无锡"两个字，还可以通过供应商电话判断，即供应商电话以"0510"开头的，也可认定为来自无锡的供应商。那么任务3-2-7的查询语句就应该写为：

```
select *
from provide
where provideaddress like '%无锡%' or providephone like '0510%';
```

此时查询结果如图3-2-8所示。

provideid	providename	provideaddress	providephone
G200312102	朝阳食品有限公司	江苏省无锡市南长区	05108270378*
G200312104	松原食品有限公司	江苏省江阴市	05105167809*
G200312105	正鑫食品有限公司	江苏省无锡市北塘区	05108261345*
G200312302	康元食品有限公司	江苏省	05101234543*

4 rows in set (0.00 sec)

图 3-2-8　完善查询条件的 like 运算符查询结果

任务3-2-8：查询用户信息表（users）中姓"张"的用户名（Username）是两个字的用户信息，查询结果中列出用户编号（Userid）、用户姓名（Username）。

根据任务要求和表3-2-2中通配符的知识可知此任务的查询条件为：Username like '张_'，查询语句为：

```
select Userid,Username
from users
where Username like '张_';
```

查询结果如图3-2-9所示。

图 3-2-9　任务 3-2-8 查询结果

6. 空值判断运算符的使用

查询供应商信息表（provide）中没有填写供应商地址（provideaddress）的供应商信息，查询结果中列出供应商编号（provideid）、供应商名称（proviename）和供应商电话（providephone）。

根据任务要求可知查询条件是供应商地址字段是空值，即：provideaddress is NULL，查询语句如下：

```
select provideid,providename,providephone from provide
where provideaddress is NULL;
```

查询结果如图3-2-10所示。

视频

空值查询

```
mysql> select provideid,providename,providephone
    -> from provide where provideaddress is NULL;
+------------+----------------------------------+--------------+
| provideid  | providename                      | providephone |
+------------+----------------------------------+--------------+
| G200312305 | 富胜贸易有限公司                    | 07692307767* |
| G202105231 | 北京美时乐食品有限公司               | 010-8666123* |
+------------+----------------------------------+--------------+
2 rows in set (0.00 sec)
```

图 3-2-10　使用空值判断运算符查询结果

问题思考一：空值判断运算符用来判断某字段的值是否为空，能不能使用关系运算符"="代替？

从语法角度说，查询语句中使用关系运算符"="和使用空值判断运算符都不会报错，但是查询结果不同，如果使用关系运算符"="会将NULL看成是字符串处理，而不是空值。

问题思考二：模糊匹配运算符能不能使用关系运算符"="代替？

从语法角度说，条件子句中将通配符构成的表达式使用"="进行条件判断，是不会报错的，但是查询结果完全不同，关系运算符"="只有在运算符两侧的内容完全相同时返回真，否则返回假。模糊匹配运算符like只要运算符左侧的内容满足右侧的模式就可以返回真。

问题思考三：%、_等通配符作为查询条件中的普通字符如何使用？

这时候需要使用转义字符，即使用"\"对"%"、"_"等进行转义，如"\%"就表示百分号%，而不是通配符了。

学习结果评价

序　号	评价内容	评价标准	评价结果（是 / 否）
1	知识与技能	按要求正确使用相关运算符	□是 □否
		按要求正确使用字段名列表	□是 □否
		按要求正确使用 *	□是 □否
		按要求正确区分关系运算符和空值判断运算符的使用	□是 □否
		按要求正确区分关系运算符和模糊匹配运算符的使用	□是 □否
2	职业规范	输入命令是否注意大小写	□是 □否
		是否在查询前后对比条件表达式的使用情况	□是 □否
3	总评	"是"与"否"在本次评价中所占百分比	"是"占　　% "否"占　　%

课后作业

1．查询pxbgl数据库的student_info表中所有女生信息。

2．查询pxbgl数据库的course_info表中所有学费（tuition）低于300的课程的课程名（course_name）。

学习笔记

3．查询pxbgl数据库的pay_info表中有欠费的学员姓名（student_name）、欠费金额（arrearage）。（提示：有欠费就表示欠费金额不等于0）

4．查询pxbgl数据库的student_info表中所有姓"李"（student_name）的女生信息，要求在查询结果中列出学号（student_id）、姓名（student_name）、电话号码（telephone）、地址（address）和入学时间（entrance_time）。

5．查询pxbgl数据库的student_info表中备注（memo）信息不为空的学生信息，查询结果中列出学号（student_id）、姓名（student_name）和备注（memo）信息。

6．查询pxbgl数据库的选课信息表（course_selection）中选学"C语言"、"Java语言"和"网页制作"课的学号（student_id）、姓名（student_name）和课程名（course_name）。

任务3-3　数据统计

任务描述

能按要求使用SELECT语句的相关子句和聚合函数正确地进行数据统计。

基础知识

（1）默认情况下，查询结果是按照最初添加到数据表中的记录顺序排列的，这样的查询结果可能不能满足用户的需求，此时需要使用ORDER BY子句对查询结果进行排序。ORDER BY子句后面可以跟多个字段，每个字段后都需要设置排序顺序，默认排序顺序是升序，ASC关键字可以省略，如果需要按降序排序，则必须使用DESC关键字。

（2）MySQL提供了对数据进行分析、统计的聚合函数，常用的聚合函数见表3-3-1。

表3-3-1　常用的聚合函数

函数名	功　能
SUM()	返回表达式中所有值的和，必须是数值型数据
AVG()	返回表达式中所有值的平均值，必须是数值型数据
MAX()	返回表达式中所有值的最大值，可以是任意数据类型
MIN()	返回表达式中所有值的最小值，可以是任意数据类型
COUNT()	用于统计表的行数或是表中某字段的行数

聚合函数往往要与GROUP BY子句结合使用，具体规则是：在使用聚合函数进行数据计算、统计时，SELECT子句中包含的字段要么出现在聚合函数中，要么出现在GROUP BY子句中。GROUP BY子句表示分组，分组依据的字段可以不只一个，只要是没出现在聚合函数中的SELECT子句的其余字段都应该出现在GROUP BY子句中。

（3）HAVING子句只用在使用GROUP BY子句对查询结果分组后设置筛选条件，即对满足查询条件的结果分组后进一步筛选符合条件的组。换言之，HAVING子句只有在GROUP BY子句出现时才可能出现，如果没有GROUP BY子句，是不会用到HAVING子

学习笔记

句的。

（4）HAVING子句中的条件设置方式与WHERE子句中相似但不相同，二者的主要区别在于HAVING子句中可以出现聚合函数，但WHERE子句中不可以。

（5）在查询数据表时，为更直观地显示查询结果，可以在查询语句的SELECT子句中为字段取别名，具体格式为：

```
SELECT 字段名 [AS] 别名,……
```

其中AS是可选项，可以写，也可以省略不写。

为字段取别名还可以用在使用聚合函数或其他计算方式进行查询时。

（6）如果COUNT()函数的括号中是具体的字段名，返回的值与COUNT(*)返回的值可能会不同，具体主要取决于函数包含的字段值是否有空值，COUNT(column name)只返回该字段非空的行数。COUNT(*)返回的是表的全部行数。

（7）在查询操作时，如果表名很长，使用起来不太方便，可以使用给表取别名的方式简化查询语句中的表名的使用，即在查询语句中使用表的别名代替表的名称，具体格式为：

```
SELECT 字段名|* FROM 表名 [AS] 别名;
```

其中AS是可选项，可以写，也可以省略不写。

任务实现

（一）操作条件

supermarket数据库以及数据库内的七个数据表都已经创建好，并且每个数据表中都有完整的数据。

（二）安全及注意事项

（1）注意任务要求中提出的数据查询要求，输入语句时不要弄错各子句的使用方法。

（2）注意任务要求使用的聚合函数的使用方法。

（三）操作过程

（1）查询销售信息表（sale）中所有销售信息，并将查询结果按照销售日期（saledate）从前到后的顺序排序。

任务要求按照销售日期从前到后的顺序排序表示ORDER BY子句后面跟随销售日期（saledate）一个字段，且按升序排序，即ORDER BY saledate ASC，其中ASC可省略不写，则任务要求的查询语句为：

```
select *
from sale
order by saledate asc;
```

查询结果如图3-3-1所示。

视频

查询结果排序

学习笔记

```
mysql> select * from sale order by saledate asc;
+--------+------------+---------------------+---------+-----------+------------+
| saleid | Merchid    | Saledate            | Salenum | Saleprice | userid     |
+--------+------------+---------------------+---------+-----------+------------+
|      2 | S800312101 | 2011-01-04 00:00:00 |       1 |        12 | 2011010330 |
|      1 | S800408101 | 2011-01-04 00:00:00 |       1 |        25 | 2011010330 |
|      3 | S800408308 | 2011-01-06 00:00:00 |       2 |         4 | 2011010331 |
|     13 | S693648936 | 2011-01-25 00:00:00 |       1 |      87.5 | 2011010330 |
|     12 | S693648936 | 2011-01-25 00:00:00 |       1 |      87.5 | 2011010330 |
|      4 | S693648936 | 2011-01-30 00:00:00 |       2 |       175 | 2011010332 |
|      5 | S800408101 | 2011-01-30 00:00:00 |       1 |        25 | 2011010332 |
|      6 | S693648936 | 2011-01-31 00:00:00 |       1 |      87.5 | 2011010333 |
|      7 | S693648936 | 2011-01-31 00:00:00 |       2 |       175 | 2011010330 |
|      9 | S800408308 | 2011-02-10 00:00:00 |       5 |        10 | 2011010331 |
|      8 | S693648936 | 2011-02-10 00:00:00 |       1 |      87.5 | 2011010331 |
|     11 | S800408101 | 2011-02-19 00:00:00 |       1 |        25 | 2011010333 |
|     10 | S693648936 | 2011-02-19 00:00:00 |       2 |       175 | 2011010333 |
|     14 | S800408101 | 2021-01-04 00:00:00 |       2 |        50 | 2011010330 |
|     15 | S800312101 | 2021-01-04 00:00:00 |       2 |        24 | 2011010330 |
|     16 | S800408308 | 2021-01-06 00:00:00 |       3 |         6 | 2011010331 |
|     17 | S693648936 | 2021-01-30 00:00:00 |       2 |       175 | 2011010332 |
+--------+------------+---------------------+---------+-----------+------------+
17 rows in set (0.00 sec)
```

图 3-3-1　查询结果按单个字段升序排序

（2）查询销售信息表（sale）中所有销售信息，并将查询结果按照销售价格（saleprice）从高到低、按照销售日期（saledate）从前到后的顺序排序。

根据任务要求可知ORDER BY子句后面要跟随两个字段saleprice和saledate，其中前者是降序，后者是升序，即ORDER BY saleprice DESC,saledate ASC，则任务要求的查询语句为：

```
select * from sale
order by saleprice desc,saledate asc;
```

查询结果如图3-3-2所示。

```
mysql> select * from sale
    -> order by saleprice desc,saledate asc;
+--------+------------+---------------------+---------+-----------+------------+
| saleid | Merchid    | Saledate            | Salenum | Saleprice | userid     |
+--------+------------+---------------------+---------+-----------+------------+
|      4 | S693648936 | 2011-01-30 00:00:00 |       2 |       175 | 2011010332 |
|      7 | S693648936 | 2011-01-31 00:00:00 |       2 |       175 | 2011010330 |
|     10 | S693648936 | 2011-02-19 00:00:00 |       2 |       175 | 2011010333 |
|     17 | S693648936 | 2021-01-30 00:00:00 |       2 |       175 | 2011010332 |
|     12 | S693648936 | 2011-01-25 00:00:00 |       1 |      87.5 | 2011010330 |
|     13 | S693648936 | 2011-01-25 00:00:00 |       1 |      87.5 | 2011010330 |
|      6 | S693648936 | 2011-01-31 00:00:00 |       1 |      87.5 | 2011010333 |
|      8 | S693648936 | 2011-02-10 00:00:00 |       1 |      87.5 | 2011010331 |
|     14 | S800408101 | 2021-01-04 00:00:00 |       2 |        50 | 2011010330 |
|      1 | S800408101 | 2011-01-04 00:00:00 |       1 |        25 | 2011010330 |
|      5 | S800408101 | 2011-01-30 00:00:00 |       1 |        25 | 2011010332 |
|     11 | S800408101 | 2011-02-19 00:00:00 |       1 |        25 | 2011010333 |
|     15 | S800312101 | 2021-01-04 00:00:00 |       2 |        24 | 2011010330 |
|      2 | S800312101 | 2011-01-04 00:00:00 |       1 |        12 | 2011010330 |
|      9 | S800408308 | 2011-02-10 00:00:00 |       5 |        10 | 2011010331 |
|     16 | S800408308 | 2021-01-06 00:00:00 |       3 |         6 | 2011010331 |
|      3 | S800408308 | 2011-01-06 00:00:00 |       2 |         4 | 2011010331 |
+--------+------------+---------------------+---------+-----------+------------+
17 rows in set (0.00 sec)
```

图 3-3-2　查询结果按多字段排序

（3）使用SUM()函数进行字段值求和。

查询交易信息表（dealing）中编号为"1002300012"的会员的总消费金额，要求查询结果中列出会员编号（memberid）和总消费金额（交易金额Dealingprice字段值求和）。

根据任务要求和基础知识可知，SELECT子句中包含memberid和SUM(Dealingprice)，查询条件需要使用关系运算符"="，即WHERE memberid='1002300012'，因为memberid字段没有出现在聚合函数中，所以必须出现在GROUP BY子句中，即GROUP BY memberid，则任务要求的查询语句为：

视频 ●⋯⋯

聚合函数的
使用

```
select memberid,SUM(dealingprice)
from dealing
where memberid='1002300012'
group by memberid;
```

查询结果如图3-3-3所示。

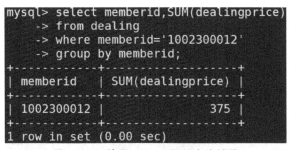

图 3-3-3　使用 SUM() 函数查询结果

此任务如果没有指定查询具体哪个会员的消费总金额，查询语句只要去掉WHERE子句，可得到图3-3-4所示的查询结果。

memberid	SUM(dealingprice)
1002300011	4
1002300012	375
1002300013	87
1002300014	87.5
1002300018	385

5 rows in set (0.00 sec)

图 3-3-4　查询每位会员的消费总金额

根据图3-3-3和图3-3-4所示，查询消费总金额时使用聚合函数SUM()，查询结果列出的字段名是一个表达式，不直观，此时可使用字段别名让查询结果更直观。查询语句改写成：

```
select memberid 会员编号,sum(dealingprice) 消费总金额
from dealing
group by memberid;
```

查询结果如图3-3-5所示。

```
mysql> select memberid 会员编号,sum(dealingprice) 消费总金额
    -> from dealing
    -> group by memberid;
+-------------+-----------------+
| 会员编号     | 消费总金额        |
+-------------+-----------------+
| 1002300011  |              4  |
| 1002300012  |            375  |
| 1002300013  |             87  |
| 1002300014  |           87.5  |
| 1002300018  |            385  |
+-------------+-----------------+
5 rows in set (0.00 sec)
```

图 3-3-5　使用字段别名查询每位会员的消费总金额

（4）使用AVG()函数进行字段值求平均值。

查询销售信息表（sale）的平均销售金额（saleprice）。

查询语句为：

```
select avg(saleprice) from sale;
```

查询结果如图3-3-6所示。

```
mysql> select avg(saleprice) from sale;
+-------------------+
| avg(saleprice)    |
+-------------------+
| 72.41176470588235 |
+-------------------+
1 row in set (0.00 sec)
```

图 3-3-6　使用 AVG() 函数查询结果

（5）使用MAX()函数求字段最大值。

查询商品信息表（merchinfo）中价格（merchprice）最贵的商品价格。

查询语句为：

```
select max(merchprice) from merchinfo;
```

查询结果如图3-3-7所示。

```
mysql> select max(merchprice) from merchinfo;
+-----------------+
| max(merchprice) |
+-----------------+
|              29 |
+-----------------+
1 row in set (0.00 sec)
```

图 3-3-7　使用 MAX() 函数查询结果

（6）使用MIN()函数求字段最小值。

查询商品信息表（merchinfo）中价格（merchprice）最便宜的商品价格。

查询语句为：

```
select min(merchprice) from merchinfo;
```

查询结果如图3-3-8所示。

```
mysql> select min(merchprice) from merchinfo;
+-----------------+
| min(merchprice) |
+-----------------+
|               2 |
+-----------------+
1 row in set (0.00 sec)
```

图 3-3-8　使用 MIN() 函数查询结果

（7）使用COUNT()函数统计记录数。

查询用户信息表（users）中的记录数。

查询语句为：

```
select count(*) from users;
```

查询结果如图3-3-9所示。

```
mysql> select count(*) from users;
+----------+
| count(*) |
+----------+
|        8 |
+----------+
1 row in set (0.00 sec)
```

图 3-3-9　使用 COUNT() 函数查询结果

（8）使用HAVING子句筛选分组结果。

查询交易信息表（dealing）中的总消费金额多于50元的所有会员编号（memberid）和总消费金额（交易金额Dealingprice求和）。

图3-3-5所示为是查询交易信息表中每位会员的消费总额，并且使用了字段别名让查询结果更加直观。本次任务是要求只显示图3-3-5所示的查询结果中消费总金额超过50的信息，即SUM(Dealingprice)>50，则查询语句为：

```
select memberid 会员编号,sum(dealingprice) 消费总金额
from dealing
group by memberid
having sum(dealingprice)>50;
```

查询结果如图3-3-10所示。

学习笔记

视频

having子句的
使用

```
mysql> select memberid 会员编号,sum(dealingprice) 消费总金额
    -> from dealing
    -> group by memberid
    -> having sum(dealingprice)>50;
+------------+--------------+
| 会员编号    | 消费总金额     |
+------------+--------------+
| 1002300012 |          375 |
| 1002300013 |           87 |
| 1002300014 |         87.5 |
| 1002300018 |          385 |
+------------+--------------+
4 rows in set (0.01 sec)
```

图 3-3-10　使用 HAVING 子句筛选分组结果

（9）查询商品信息表（merchinfo）中所有数量（Merchnum）少于50的商品信息。要求使用表别名m简化商品信息表（merchinfo）的名称。

结合基础知识和之前所学内容可以得到如下查询语句：

```
select * from merchinfo as m
where m.Merchnum<50;
```

查询结果如图3-3-11所示。

```
mysql> select * from merchinfo as m
    -> where m.Merchnum<50;
+------------+-----------+-----------+--------+---------+------------+---------+------------+
| Merchid    | Merchname | merchprice| Spec   | Merchnum| Cautionnum | Plannum | Provideid  |
+------------+-----------+-----------+--------+---------+------------+---------+------------+
| S800408309 | 胡萝卜     |       2.5 | 20斤/箱 |      20 |          1 |      15 | G200312103 |
| S700120101 | 提子饼干   |       7.8 | 200克   |      25 |          3 |      20 | G200312302 |
| S700120102 | 老面包     |         5 | 300克   |      30 |          5 |      50 | G200312302 |
+------------+-----------+-----------+--------+---------+------------+---------+------------+
3 rows in set (0.00 sec)
```

图 3-3-11　使用表别名查询结果

问题思考一：聚合函数作为条件时能否出现在WHERE子句中？

不能，聚合函数作为条件时必须出现在HAVING子句中。

问题思考二：给字段取别名是否会改变表中的字段名称？

不会，给字段取别名只是在查询结果显示时会看到，不会影响到数据表本身。

学习结果评价

序　号	评价内容	评价标准	评价结果（是 / 否）
1	知识与技能	按要求正确使用 ORDER BY 子句	□是 □否
		按要求正确使用 GROUP BY 子句	□是 □否
		按要求正确使用 HAVING 子句	□是 □否
		按要求正确使用常用的五个聚合函数	□是 □否
		按要求正确为查询字段取别名	□是 □否
2	职业规范	输入命令是否注意大小写	□是 □否
		是否在查询前后做对比	□是 □否
3	总评	"是"与"否"在本次评价中所占百分比	"是"占　　% "否"占　　%

课后作业

1. 查询pxbgl数据库的学员信息表（student_info）的学员信息，将查询结果按照学生证编号（IDnumber）升序排序。

2. 查询pxbgl数据库的交费信息表（pay_info）中的欠费（arrearage）总额，并在查询结果中设置字段别名"欠费总额"。

3. 查询pxbgl数据库的请假信息表（sleave），统计每个学员的请假次数。

4. 查询pxbgl数据库的交费信息表（pay_info），统计欠费（arrearage）总额大于50元的学员信息，要求列出学员编号（student_id）及学员欠费总额。

5. 查询pxbgl数据库的学生信息表（student_info）中所有地址（address）为无锡新区的学生信息。要求使用表别名s代替学生信息表（student_info）。

工作任务 4

查询多个数据表

学习目标

（1）能按要求使用交叉连接、内连接、外连接查询多个数据表中的数据。

（2）能按要求使用复合条件连接查询多个数据表中的数据。

（3）能正确使用 IN、EXISTS、ANY、ALL 等关键字及比较运算符构成的子查询。

（4）能在连接查询、子查询中正确使用表别名、列别名进行查询。

最终目标

能根据任务要求熟练地针对多个数据表进行查询。

任务 4-1 使用交叉连接查询多个数据表

任务描述

使用交叉连接查询多个数据表。

基础知识

1. 交叉连接

交叉连接所做的是数学中的笛卡儿积运算，是多表连接中最简单的，也是最不具备实际应用意义的连接查询。没有指定字段要求的交叉连接查询语句的执行结果的行数和列数分别为：

查询结果的列数=参加交叉连接的表中列数的和

查询结果的行数=参加交叉连接的表中行数的乘积

2. 交叉连接查询的语句格式为：

```
SELECT 列名列表|* FROM 表名1 CROSS JOIN 表名2
```

或者

```
SELECT 列名列表|* FROM 表名1, 表名2
```

任务实现

学习笔记

（一）操作条件

supermarket数据库以及数据库内的七个数据表都已经创建好，并且每个数据表中都有完整的数据。

（二）安全及注意事项

注意任务要求中提出的数据查询要求，输入语句时不要弄错select子句中字段名列表和from子句后面的数据表以及交叉连接的关键字。

（三）操作过程

（1）使用交叉连接查询supermarket数据库中商品信息表（merchinfo）和供应商信息表（provide）中所有数据。

根据交叉连接的语法格式，可使用如下语句查看商品信息表和供应商信息表所有数据的交叉连接结果。

```
select * from merchinfo cross join provide;
```

此时使用*表示merchinfo表和provide表中所有字段。

根据语法格式，语句还可以写成：

```
select * from merchinfo,provide;
```

查询结果如图4-1-1所示。

（2）查询supermarket数据库中商品信息表（merchinfo）和供应商信息表（provide）中所有数据，要求查询结果列出商品编号（merchid）、商品名称（merchname）、供应商编号（provideid）和供应商名称（providename）。

根据交叉连接的语法格式，可写出如下查询语句：

```
select merchid,merchname,provideid,providename
from merchinfo,provide;
```

但是，该语句执行后出现错误，如图4-1-2所示。

根据错误信息可知，merchinfo表和provide表都有provideid字段，现在无法确定select子句中的provideid字段是哪个表的，此时必须要使用"表名.字段名"确定该字段的来源。即查询语句应该改为：

```
select merchid,merchname,provide.provideid,providename
from merchinfo,provide;
```

视频

交叉连接和表别名

学习笔记

Merchid	Merchname	merchprice	Spec	Merchnum	Cautionnum	Plannum	Provideid	provideid	providename	provideaddress	providephone
S690180880	杏仁露	3.5	12斤/箱	50	2	50	G200312103	G200312101	长春食品厂	吉林省长春市岭东路	043178459540
S800312101	QQ糖	12	10粒/袋	500	10	100	G200312105	G200312101	长春食品厂	吉林省长春市岭东路	043178459540
S800313106	西红柿	22.4	30个/箱	50	5	20	G200312102	G200312101	长春食品厂	吉林省长春市岭东路	043178459540
S800408101	方便面	29	20袋/箱	50	5	30	G200312101	G200312101	长春食品厂	吉林省长春市岭东路	043178459540
S800408308	白糖	2	1斤/袋	100	10	50	G200312102	G200312101	长春食品厂	吉林省长春市岭东路	043178459540
S800408309	胡萝卜	2.5	20斤/箱	20	1	15	G200312103	G200312101	长春食品厂	吉林省长春市岭东路	043178459540
S700120101	提子饼干	7.8	200克	25	3	20	G200312302	G200312101	长春食品厂	吉林省长春市岭东路	043178459540
S700120102	老面包	5	300克	30	5	50	G200312302	G200312101	长春食品厂	吉林省长春市岭东路	043178459540
S700120103	抹茶西饼	20	300克	50	5	50	G200312302	G200312101	长春食品厂	吉林省长春市岭东路	043178459540
S690180880	杏仁露	3.5	12斤/箱	50	2	50	G200312103	G200312102	朝阳食品有限公司	江苏省无锡市南长区	051082703788
S800312101	QQ糖	12	10粒/袋	500	10	100	G200312105	G200312102	朝阳食品有限公司	江苏省无锡市南长区	051082703788
S800313106	西红柿	22.4	30个/箱	50	5	20	G200312102	G200312102	朝阳食品有限公司	江苏省无锡市南长区	051082703788
S800408101	方便面	29	20袋/箱	50	5	30	G200312101	G200312102	朝阳食品有限公司	江苏省无锡市南长区	051082703788
S800408308	白糖	2	1斤/袋	100	10	50	G200312102	G200312102	朝阳食品有限公司	江苏省无锡市南长区	051082703788
S800408309	胡萝卜	2.5	20斤/箱	20	1	15	G200312103	G200312102	朝阳食品有限公司	江苏省无锡市南长区	051082703788
S800312101	QQ糖	12	10粒/袋	500	10	100	G200312105	G200312305	富胜贸易有限公司	NULL	076923077678
S800313106	西红柿	22.4	30个/箱	50	5	20	G200312102	G200312305	富胜贸易有限公司	NULL	076923077678
S800408101	方便面	29	20袋/箱	50	5	30	G200312101	G200312305	富胜贸易有限公司	NULL	076923077678
S800408308	白糖	2	1斤/袋	100	10	50	G200312102	G200312305	富胜贸易有限公司	NULL	076923077678
S800408309	胡萝卜	2.5	20斤/箱	20	1	15	G200312103	G200312305	富胜贸易有限公司	NULL	076923077678
S700120101	提子饼干	7.8	200克	25	3	20	G200312302	G200312305	富胜贸易有限公司	NULL	076923077678
S700120102	老面包	5	300克	30	5	50	G200312302	G200312305	富胜贸易有限公司	NULL	076923077678
S700120103	抹茶西饼	20	300克	50	5	50	G200312302	G200312305	富胜贸易有限公司	NULL	076923077678
S690180880	杏仁露	3.5	12斤/箱	50	2	50	G200312103	G202105231	北京美时乐食品有限公司	NULL	010-86661234
S800312101	QQ糖	12	10粒/袋	500	10	100	G200312105	G202105231	北京美时乐食品有限公司	NULL	010-86661234
S800313106	西红柿	22.4	30个/箱	50	5	20	G200312102	G202105231	北京美时乐食品有限公司	NULL	010-86661234
S800408101	方便面	29	20袋/箱	50	5	30	G200312101	G202105231	北京美时乐食品有限公司	NULL	010-86661234
S800408308	白糖	2	1斤/袋	100	10	50	G200312102	G202105231	北京美时乐食品有限公司	NULL	010-86661234
S800408309	胡萝卜	2.5	20斤/箱	20	1	15	G200312103	G202105231	北京美时乐食品有限公司	NULL	010-86661234
S700120101	提子饼干	7.8	200克	25	3	20	G200312302	G202105231	北京美时乐食品有限公司	NULL	010-86661234
S700120102	老面包	5	300克	30	5	50	G200312302	G202105231	北京美时乐食品有限公司	NULL	010-86661234
S700120103	抹茶西饼	20	300克	50	5	50	G200312302	G202105231	北京美时乐食品有限公司	NULL	010-86661234

90 rows in set (0.00 sec)

图 4-1-1　商品信息表和供应商信息表的交叉连接查询结果

```
mysql> select merchid,merchname,provideid,providename
    -> from merchinfo,provide;
ERROR 1052 (23000): Column 'provideid' in field list is ambiguous
```

图 4-1-2　交叉连接查询报错

此时就可以出现图4-1-3所示的查询结果。

如果觉得表名太长不方便，也可以使用表别名方式修改上述查询语句为：

```
select merchid,merchname,p.provideid,providename
from merchinfo as m,provide as p;
```

问题思考一： 如果交叉连接查询时没有要求列出具体字段，可以使用表别名吗？

表别名的使用与查询结果是否需要列出具体字段没有关系。

merchid	merchname	provideid	providename
S690180880	杏仁露	G200312101	长春食品厂
S800312101	QQ糖	G200312101	长春食品厂
S800313106	西红柿	G200312101	长春食品厂
S800408101	方便面	G200312101	长春食品厂
S800408308	白糖	G200312101	长春食品厂
S800408309	胡萝卜	G200312101	长春食品厂
S700120101	提子饼干	G200312101	长春食品厂
S700120102	老面包	G200312101	长春食品厂
S700120103	抹茶西饼	G200312101	长春食品厂
S690180880	杏仁露	G200312102	朝阳食品有限公司
S800312101	QQ糖	G200312102	朝阳食品有限公司
S800313106	西红柿	G200312102	朝阳食品有限公司
S800408101	方便面	G200312102	朝阳食品有限公司
S800408308	白糖	G200312102	朝阳食品有限公司
S800408309	胡萝卜	G200312102	朝阳食品有限公司
S700120101	提子饼干	G200312102	朝阳食品有限公司
S700120102	老面包	G200312102	朝阳食品有限公司
S700120103	抹茶西饼	G200312102	朝阳食品有限公司
S690180880	杏仁露	G200312103	黑龙江食品厂
S800312101	QQ糖	G200312103	黑龙江食品厂
S800313106	西红柿	G200312103	黑龙江食品厂
S800408101	方便面	G200312103	黑龙江食品厂
S800408308	白糖	G200312103	黑龙江食品厂
S800408309	胡萝卜	G200312103	黑龙江食品厂
S800312101	QQ糖	G200312302	康元食品有限公司
S800313106	西红柿	G200312302	康元食品有限公司
S800408101	方便面	G200312302	康元食品有限公司
S800408308	白糖	G200312302	康元食品有限公司
S800408309	胡萝卜	G200312302	康元食品有限公司
S700120101	提子饼干	G200312302	康元食品有限公司
S700120102	老面包	G200312302	康元食品有限公司
S700120103	抹茶西饼	G200312302	康元食品有限公司
S690180880	杏仁露	G200312305	富胜贸易有限公司
S800312101	QQ糖	G200312305	富胜贸易有限公司
S800313106	西红柿	G200312305	富胜贸易有限公司
S800408101	方便面	G200312305	富胜贸易有限公司
S800408308	白糖	G200312305	富胜贸易有限公司
S800408309	胡萝卜	G200312305	富胜贸易有限公司
S700120101	提子饼干	G200312305	富胜贸易有限公司
S700120102	老面包	G200312305	富胜贸易有限公司
S700120103	抹茶西饼	G200312305	富胜贸易有限公司
S690180880	杏仁露	G202105231	北京美时乐食品有限公司
S800312101	QQ糖	G202105231	北京美时乐食品有限公司
S800313106	西红柿	G202105231	北京美时乐食品有限公司
S800408101	方便面	G202105231	北京美时乐食品有限公司
S800408308	白糖	G202105231	北京美时乐食品有限公司
S800408309	胡萝卜	G202105231	北京美时乐食品有限公司
S700120101	提子饼干	G202105231	北京美时乐食品有限公司
S700120102	老面包	G202105231	北京美时乐食品有限公司
S700120103	抹茶西饼	G202105231	北京美时乐食品有限公司

90 rows in set (0.00 sec)

图 4-1-3　指定字段的交叉连接查询结果

问题思考二：交叉连接查询语句中可否有where子句？如果有，查询结果具体应该有多少条记录？

交叉连接查询语句中可以有where子句。根据基础知识可知，交叉连接所做的是数学中的笛卡儿积，如果有where子句，则查询结果的行数是符合查询条件的两个表的行数的乘积，如果查询的是三个表的交叉连接，则查询结果的行数就是符合查询条件的三个表的行数的乘积，依此类推。

问题思考三：交叉连接查询时如果指定字段名，需不需要每个字段都使用"表名.字段名"的形式？

具体在做交叉连接时是不需要每个字段都指定来自于哪个表，只有出现多个表中有同名字段时才需要使用"表名.字段名"的形式指出。当然，如果每个字段都使用这种形式指出字段的来源，也没有问题。

学习笔记

学习结果评价

序　号	评价内容	评价标准	评价结果（是/否）
1	知识与技能	正确查询两个表的笛卡儿积	□是 □否
		正确使用表别名实现交叉连接查询	□是 □否
2	职业规范	输入命令是否注意大小写	□是 □否
		是否认真核实查询语句格式和要求	□是 □否
3	总评	"是"与"否"在本次评价中所占百分比	"是"占　% "否"占　%

课后作业

1．查询pxbgl数据库中学员信息表（student_info）和课程信息表（course_info）中的全部数据。

2．查询pxbgl数据库中学员信息表（student_info）和课程信息表（course_info）中的全部数据，要求查询结果列出学号（student_id）、姓名（student_name）、电话号码（telephone）、课程编号（course_id）和课程名称（course_name）。

任务 4-2　使用内连接查询多个数据表

任务描述

能根据要求正确使用内连接查询多个数据表。

基础知识

（1）内连接又称自然连接，是使用最为广泛、实用性最强的连接查询。内连接查询语句的执行结果要根据具体的条件要求列出，从而获取两个表中字段匹配关系的记录。

（2）内连接使用比较运算符对两个表中的数据进行比较，列出与连接条件匹配的数据行，组合成新的记录。

（3）内连接查询的语句格式为：

```
SELECT 列名列表 FROM 表名1 [INNER] JOIN 表名2
ON  表名1.列名=表名2.列名
```

或

```
SELECT 列名列表 FROM 表名1，表名2
WHERE  表名1.列名=表名2.列名
```

（4）理论上说，内连接可以连接多个数据表。但是，为了获得更好的性能，应该限制要连接表数量，最好不要超过三个表。如果内连接的表有三个，查询语句的格式为：

```
SELECT列名列表FROM 表名1 [INNER] JOIN 表名2 [INNER] JOIN 表名3
ON  表名1.列名=表名2.列名 AND 表名2.列名=表名3.列名
```

或：

```
SELECT列名列表FROM 表名1 [INNER] JOIN 表名2
ON  表名1.列名=表名2.列名
[INNER] JOIN 表名3
ON 表名2.列名=表名3.列名
```

（5）内连接中有一种特殊的形式，就是连接的两个表其实是一个表，只是为它们分别取了不同的表别名，即是一个表的两个副本之间进行的内连接。

任务实现

（一）操作条件

supermarket数据库以及数据库内的七个数据表都已经创建好，并且每个数据表中都有完整的数据。

（二）安全及注意事项

注意任务要求中提出的内连接查询要求，输入语句时不要弄错ON子句中的条件或是WHERE子句中的条件。

（三）操作过程

（1）使用内连接查询销售信息表（sale）和商品信息表（merchinfo），要求在查询结果中列出商品编号（merchid）、商品名称（merchname）、用户编号（userid）和销售金额（saleprice）。

任务要求使用内连接查询sale表和merchinfo表，这两个表中的共同字段是商品编号（merchid），则连接条件是两个表中的商品编号相同，此时，要注意相同字段名要给出字段名的所有表，由此可以得到如下语句：

```
select m.merchid,m.merchname,s.userid,s.saleprice
from merchinfo m inner join sale s
on m.merchid=s.merchid;
```

查询结果如图4-2-1所示。

此时的内连接查询也可以使用where子句来表示内连接的条件，具体语句如下：

```
select m.merchid,m.merchname,s.userid,s.saleprice
from merchinfo m,sale s
where m.merchid=s.merchid;
```

在该任务中，因表名过长而使用了表别名，此时要注意，一旦使用了表别名，则在描述字段名的所有表时必须使用表别名。

学习笔记

视频

内连接查询

学习笔记

```
mysql> select m.Merchid,m.Merchname,s.userid,s.Saleprice
    -> from merchinfo m inner join sale s
    -> on m.merchid=s.merchid;
+------------+-----------+------------+-----------+
| Merchid    | Merchname | userid     | Saleprice |
+------------+-----------+------------+-----------+
| S800408101 | 方便面    | 2011010330 |        25 |
| S800312101 | QQ糖      | 2011010330 |        12 |
| S800408308 | 白糖      | 2011010331 |         4 |
| S800408101 | 方便面    | 2011010332 |        25 |
| S800408308 | 白糖      | 2011010331 |        10 |
| S800408101 | 方便面    | 2011010333 |        25 |
| S800408101 | 方便面    | 2011010330 |        50 |
| S800312101 | QQ糖      | 2011010330 |        24 |
| S800408308 | 白糖      | 2011010331 |         6 |
+------------+-----------+------------+-----------+
9 rows in set (0.00 sec)
```

图 4-2-1　使用内连接查询商品信息表和销售信息表结果

（2）查询已供应商品的供应商所供应的商品信息，要求列出供应商编号（provideid）、供应商名称（providename）、商品编号（merchid）、商品名称（merchname）。

根据操作条件可知，商品信息表中提供了供应商编码，但没有提供供应商的名称，所以该查询必须要用到供应商信息表（provide）和商品信息表（merchinfo）两张数据表，并且要求两表之间的供应商编码是相等的，即内连接查询的连接条件是：

```
provide.provideid=merchinfo.provideid
```

具体语句如下：

```
select p.provideid,providename,merchid,merchname
from provide p inner join merchinfo m
on p.provideid=m.provideid;
```

或写成：

```
select p.provideid,providename,merchid,merchname
from provide  p,merchinfo  m
where p.provideid=m.provideid;
```

查询结果如图4-2-2所示。

```
+------------+------------------------------+------------+-----------+
| provideid  | providename                  | merchid    | merchname |
+------------+------------------------------+------------+-----------+
| G200312101 | 长春食品厂                   | S800408101 | 方便面    |
| G200312102 | 朝阳食品有限公司             | S800313106 | 西红柿    |
| G200312102 | 朝阳食品有限公司             | S800408308 | 白糖      |
| G200312103 | 黑龙江食品厂                 | S690180880 | 杏仁露    |
| G200312103 | 黑龙江食品厂                 | S800408309 | 胡萝卜    |
| G200312105 | 正鑫食品有限公司             | S800312101 | QQ糖      |
| G200312302 | 康元食品有限公司             | S700120101 | 提子饼干  |
| G200312302 | 康元食品有限公司             | S700120102 | 老面包    |
| G200312302 | 康元食品有限公司             | S700120103 | 抹茶西饼  |
+------------+------------------------------+------------+-----------+
9 rows in set (0.00 sec)
```

图 4-2-2　使用内连接查询已供应商品的供应商所供应的商品信息查询结果

学习笔记

（3）查询产生多笔（至少两笔）交易的会员的编号（memberid）、会员卡号（membercard）、交易日期（dealingdate）、交易金额（dealingprice）。

根据任务要求可知，此处需要使用交易信息表（dealing）的自连接完成，其连接条件为a.memberid=b.memberid，其中a和b是交易信息表的两个不同副本的别名。任务要求中要查询产生多笔交易的会员信息，所以还要选择交易编号（dealingid）不同的记录。另外，因为会员卡号（membercard）只在会员信息表（member）中有这个字段，所以此任务不仅涉及交易信息表（dealing）的自连接查询，还涉及与会员信息表（member）的内连接查询，具体查询语句如下：

```
select c.memberid, membercard,a.dealingdate,a.dealingprice
from dealing a inner join dealing b
on a.memberid=b.memberid
inner join member c
on b.memberid=c.memberid
where  a.dealingid<>b.dealingid;
```

或：

```
select c.memberid, membercard,a.dealingdate,a.dealingprice
from dealing a inner join dealing b inner join member c
on a.memberid=b.memberid and b.memberid=c.memberid
where a.dealingid<>b.dealingid;
```

查询结果如图4-2-3所示。

```
+------------+---------------------+---------------------+--------------+
| memberid   | membercard          | dealingdate         | dealingprice |
+------------+---------------------+---------------------+--------------+
| 1002300013 | 6325320200295146    | 2011-04-05 00:00:00 |           50 |
| 1002300018 | 6325320200295161    | 2011-02-10 00:00:00 |         97.5 |
| 1002300018 | 6325320200295161    | 2011-02-19 00:00:00 |          200 |
| 1002300012 | 6325320200295145    | 2011-01-31 00:00:00 |          175 |
| 1002300012 | 6325320200295145    | 2011-01-30 00:00:00 |          200 |
| 1002300018 | 6325320200295161    | 2011-01-25 00:00:00 |         87.5 |
| 1002300018 | 6325320200295161    | 2011-02-19 00:00:00 |          200 |
| 1002300018 | 6325320200295161    | 2011-01-25 00:00:00 |         87.5 |
| 1002300018 | 6325320200295161    | 2011-02-10 00:00:00 |         97.5 |
| 1002300013 | 6325320200295146    | 2011-01-04 00:00:00 |           37 |
+------------+---------------------+---------------------+--------------+
10 rows in set (0.00 sec)
```

图4-2-3 使用自连接、内连接查询交易信息表和会员信息表的查询结果

从图4-2-3中可以看到查询结果有重复值，为更好地显示此任务的查询结果，可以在SELECT子句中使用DISTINCT关键字去除重复值，查询语句变为：

```
select distinct c.memberid, membercard,a.dealingdate,a.dealingprice
from dealing a inner join dealing b
on a.memberid=b.memberid
inner join member c
```

学习笔记

```
on b.memberid=c.memberid
where  a.dealingid<>b.dealingid;
```

查询结果变为图4-2-4所示。

```
+------------+--------------------+---------------------+--------------+
| memberid   | membercard         | dealingdate         | dealingprice |
+------------+--------------------+---------------------+--------------+
| 1002300013 | 6325320200295146   | 2011-04-05 00:00:00 |           50 |
| 1002300018 | 6325320200295161   | 2011-02-10 00:00:00 |         97.5 |
| 1002300018 | 6325320200295161   | 2011-02-19 00:00:00 |          200 |
| 1002300012 | 6325320200295145   | 2011-01-31 00:00:00 |          175 |
| 1002300012 | 6325320200295145   | 2011-01-30 00:00:00 |          200 |
| 1002300018 | 6325320200295161   | 2011-01-25 00:00:00 |         87.5 |
| 1002300013 | 6325320200295146   | 2011-01-04 00:00:00 |           37 |
+------------+--------------------+---------------------+--------------+
7 rows in set (0.00 sec)
```

图 4-2-4　使用自连接、内连接查询交易信息表和会员信息表并去除重复值的查询结果

（4）使用内连接查询会员信息表（member）和交易信息表（dealing），查询结果列出会员编号（memberid）、会员卡号（membercard）、交易日期（dealingdate）和交易金额（dealingprice），并将查询结果按照交易金额从高到低进行排序。

会员信息表和交易信息表的共同字段是会员编号（memberid），则连接条件就是：member.memberid=dealing.memberid，查询结果按交易金额从高到低排序就是逆序排序，使用DESC关键字。基于这两点，此任务的查询语句应为：

```
select m.memberid,m.membercard,d.dealingdate,d.dealingprice
from member m inner join dealing d
on m.memberid=d.memberid
order by dealingprice desc;
```

查询结果如图4-2-5所示。

```
mysql> select m.memberid,m.membercard,d.dealingdate,d.dealingprice
    -> from member m inner join dealing d
    -> on m.memberid=d.memberid
    -> order by dealingprice desc;
+------------+--------------------+---------------------+--------------+
| memberid   | membercard         | dealingdate         | dealingprice |
+------------+--------------------+---------------------+--------------+
| 1002300012 | 6325320200295145   | 2011-01-30 00:00:00 |          200 |
| 1002300018 | 6325320200295161   | 2011-02-19 00:00:00 |          200 |
| 1002300012 | 6325320200295145   | 2011-01-31 00:00:00 |          175 |
| 1002300018 | 6325320200295161   | 2011-02-10 00:00:00 |         97.5 |
| 1002300018 | 6325320200295161   | 2011-01-25 00:00:00 |         87.5 |
| 1002300014 | 6325320200295147   | 2011-01-31 00:00:00 |         87.5 |
| 1002300013 | 6325320200295146   | 2011-04-05 00:00:00 |           50 |
| 1002300013 | 6325320200295146   | 2011-01-04 00:00:00 |           37 |
| 1002300011 | 6325320200295144   | 2011-01-06 00:00:00 |            4 |
+------------+--------------------+---------------------+--------------+
9 rows in set (0.00 sec)
```

图 4-2-5　使用内连接查询会员交易信息并排序的查询结果

问题思考一： 使用内连接查询时使用了表别名，但是在SELECT子句中没有用到表的别名，会报错吗？

如果在SELECT子句中出现的字段都是内连接查询的表中独一无二的，没有用到表别名不会报错。

问题思考二： 内连接查询中如果不使用INNER JOIN关键字的格式，则连接条件在哪里体现？

从基础知识中可知，如果不使用INNER JOIN关键字格式，则连接条件需要放在WHERE子句中，与查询条件是逻辑与的关系。

学习结果评价

序　号	评价内容	评价标准	评价结果（是/否）
1	知识与技能	按要求正确使用 INNER JOIN 格式进行内连接查询数据表	□是 □否
		按要求正确使用 WHERE 子句完成内连接查询数据表	□是 □否
		按要求正确使用相关子句或关键字进行复合条件内连接查询	□是 □否
2	职业规范	输入命令是否注意大小写	□是 □否
		是否在查询前后对比条件表达式的使用情况	□是 □否
3	总评	"是"与"否"在本次评价中所占百分比	"是"占　％ "否"占　％

课后作业

1．查询pxbgl数据库student_info表和course_selection表，使用内连接查询每个学员的选课信息，要求列出学员编号（student_id）、学员姓名（student_name）、课程编号（course_id）和课程名称（course_name）。

2．查询pxbgl数据库，列出所有已经交费的学员信息（student_info）及其交费信息（pay_info），要求查询结果列出学员编号（student_id）、学员姓名（student_name）、应交费用（origin_price）、已交费用（current_price）和欠费金额（arrearage）。

3．在题目2的基础上查询没有欠费的学员信息及其交费信息，查询结果列出的内容与题目2相同。

4．查询pxbgl数据库student_info表和arrearage表，使用内连接查询每个学员的欠费信息，要求列出学员编号（student_id）、学员姓名（student_name）和欠费总额（arrears_total），并将查询结果按欠费总额升序排序。

任务 4-3　使用外连接查询多个数据表

任务描述

能根据要求正确使用外连接查询多个数据表。

基础知识

（1）内连接查询返回的是满足连接条件和查询条件的数据，外连接查询可以返回数据表中不满足连接条件的数据，根据返回结果中需要包含完整数据的表的左、右方向可将外连接分为左外连接（查询结果包含左数据表中不符合连接条件的数据）和右外连接（查询结果包含右数据表中不符合连接条件的数据）。

（2）外连接的语法格式为：

```
SELECT 列名列表 FROM 表名1 LEFT|RIGHT [OUTER] JOIN 表名2
ON 表名1.列名=表名2.列名
```

其中LEFT [OUTER] JOIN是左外连接，又称左连接，返回包含左表中的所有记录和右表中符合连接条件的记录；RIGHT [OUTER] JOIN是右外连接，又称右连接，返回包含右表中的所有记录和左表中符合连接条件的记录。

（3）外连接是与内连接相对应的，区别在于内连接只列出符合连接条件要求的行，外连接不仅列出符合连接条件的行，还列出不符合连接条件的行，那些不符合连接条件的列项值用NULL填充。

（4）左外连接和右外连接中的"左"和"右"是指连接两个数据表时，在关键字LEFT|RIGHT [OUTER] JOIN左侧的表称为左表，同理，在其右侧的表称为右表。

任务实现

（一）操作条件

supermarket数据库以及数据库内的七个数据表都已经创建好，并且每个数据表中都有完整的数据。

（二）安全及注意事项

（1）注意任务要求中提出的外连接查询要求，输入语句时不要弄错ON子句中的条件或是WHERE子句中的条件。

（2）注意任务要求中提出的外连接的查询要求，输入语句时不要弄错表的位置是左还是右。

（三）操作过程

（1）查询已供应商品的供应商所供应的商品信息，要求列出供应商编号（provideid）、

视频

外连接查询

供应商名称（providename）、商品编号（merchid）、商品名称（merchname），并且无论供应商是否已经供应商品，都要求在查询结果中列出供应商编号和供应商名称。

根据任务要求可知此任务要使用外连接进行查询，但没有要求使用左外连接，还是右外连接。若是将供应商信息表（provide）放在外连接关键字的左侧，用到的就是左外连接，则任务要求的查询语句为：

```
select p.provideid,providename,merchid,merchname
from provide  p left outer join merchinfo  m
on p.provideid=m.provideid;
```

查询结果如图4-3-1所示。

```
+-------------+----------------------+-------------+-------------+
| provideid   | providename          | merchid     | merchname   |
+-------------+----------------------+-------------+-------------+
| G200312103  | 黑龙江食品厂          | S690180880  | 杏仁露       |
| G200312105  | 正鑫食品有限公司       | S800312101  | QQ糖         |
| G200312102  | 朝阳食品有限公司       | S800313106  | 西红柿       |
| G200312101  | 长春食品厂            | S800408101  | 方便面       |
| G200312102  | 朝阳食品有限公司       | S800408308  | 白糖         |
| G200312103  | 黑龙江食品厂          | S800408309  | 胡萝卜       |
| G200312302  | 康元食品有限公司       | S700120101  | 提子饼干     |
| G200312302  | 康元食品有限公司       | S700120102  | 老面包       |
| G200312302  | 康元食品有限公司       | S700120103  | 抹茶西饼     |
| G200312104  | 松原食品有限公司       | NULL        | NULL        |
| G200312201  | 兴隆纸品有限公司       | NULL        | NULL        |
| G200312301  | 宜兴紫砂厂            | NULL        | NULL        |
| G200312305  | 富胜贸易有限公司       | NULL        | NULL        |
| G202105231  | 北京美时乐食品有限公司  | NULL        | NULL        |
+-------------+----------------------+-------------+-------------+
```

图4-3-1 使用左外连接查询供应商供应商品信息的查询结果

若是将供应商信息表（provide）放在外连接关键字的右侧，则用到的就是右外连接，则任务要求的查询语句为：

```
select p.provideid,providename,merchid,merchname
from merchinfo m right join provide p
on m.provideid=p.provideid;
```

此时查询语句的运行结果仍是图4-3-1所示的结果。

（2）查询尚未供应商品的供应商信息，要求列出供应商编号（provideid）、供应商名称（providename）。

从图4-3-1可以看到，使用外连接查询商品信息表和供应商信息表的结果中商品编号（Merchid）和商品名称（Merchname）为NULL的记录就是供应商没有供应商品的记录，由此可知，要查询没有供应商品的供应商信息需要在使用外连接查询结果的基础上设置条件：merchinfo.merchid is null，则查询语句为：

```
select p.provideid,providename
from merchinfo m right join provide p
```

```
on m.provideid=p.provideid
where m.merchid is null;
```

查询结果如图4-3-2所示。

图 4-3-2　使用设置查询条件的外连接查询未供应商品的供应商信息的查询结果

当然，此任务的查询语句也可以使用左外连接，具体语句为：

```
select p.provideid,providename
from provide  p left outer join merchinfo  m
on p.provideid=m.provideid
where m.merchid is null;
```

问题思考：外连接查询时如果没有写LEFT或RIGHT关键字，只写了OUTER关键字是否会报错？

MySQL中外连接分为左外连接和右外连接，必须要写清楚表明左外连接或右外连接的关键字LEFT或RIGHT，OUTER关键字是可选项，倒是可以不写。

学习结果评价

序　号	评价内容	评价标准	评价结果（是 / 否）
1	知识与技能	按要求正确使用外连接查询	□是 □否
		按要求正确使用连接条件 ON 子句	□是 □否
		按要求在外连接查询中正确使用 WHERE 子句	□是 □否
2	职业规范	输入命令是否注意大小写	□是 □否
		是否在查询前后做对比	□是 □否
3	总评	"是"与"否"在本次评价中所占百分比	"是"占　　% "否"占　　%

课后作业

1. 使用左外连接查询pxbgl数据库的学员信息（student_info）表及其交费信息（pay_info）表中已交费学员信息和交费信息，要求查询结果列出所有学员（即包括未交学费的学员）的学员编号（student_id）、学员姓名（student_name）、应交费用（origin_price）、已交费用（current_price）和欠费金额（arrearage）。

2．使用右外连接实现题目1的查询。

3．通过左外连接查询pxbgl数据库的学员信息（student_info）表及其交费信息（pay_info）表中未交费学员信息，要求查询结果列出学员编号（student_info）、学员姓名（student_name）和联系电话（telephone）。

4．通过右外连接实现题目3的查询。

学习笔记

工作任务 ⑤

使用子查询

学习目标

（1）能按要求使用子查询进行单表数据查询。

（2）能按要求使用子查询进行数据统计。

（3）能按要求使用子查询进行多表数据查询

（4）能正确区分子查询与多表连接查询。

最终目标

能根据提供的特定条件灵活使用子查询。

任务 5-1　认识子查询

任务描述

能够根据具体情况准确分析出子查询使用的条件，从而认识子查询及其分类。

基础知识

（1）子查询是指一个查询语句嵌套在另一个查询语句内部的查询，即在一个SELECT语句的WHERE子句或FROM子句中包含另一个SELECT语句。

（2）通常把外层的SELECT查询语句称为主查询或父查询，把嵌套在WHERE子句或FROM子句中的SELECT查询语句称为子查询，又称嵌套查询。

（3）通过子查询可以实现单表查询，也可以实现多表查询。子查询实现多表查询时，查询语句可能包含IN、ANY、ALL和EXISTS等关键字，除此之外，还可能包含比较运算符。

（4）理论上子查询可以出现在查询语句的任意位置，但在实际应用中，子查询经常出现在WHERE子句和FROM子句中。在WHERE子句中的子查询一般返回单行单列、单行多列、多行单列数据记录；在FROM子句中的子查询一般返回多行多列数据记录，可当作一个临时数据表。

（5）子查询总是写在一对圆括号中，有几种表现形式，分别用于集合成员测试、比较

78

测试和存在性测试中。

（一）操作条件

supermarket数据库以及数据库内的七个数据表都已经创建好，并且每个数据表中都有完整的数据。

（二）安全及注意事项

（1）注意任务要求中提出的数据查询要求，输入语句时不要弄错子查询所在位置。

（2）注意子查询的分类及其对应关键字的使用。

（三）操作过程

（1）使用返回结果为单行单列的子查询查询由"朝阳食品有限公司"供货的商品信息。

任务分析：商品信息表（merchinfo）中只有供应商编号（provideid），没有供应商名称（providename），供应商名称需要从供应商信息表（provide）中查出。

步骤1：在provide表中查询出"朝阳食品有限公司"的供应商编号（provideid）。

```
select provideid
from provide
where providename='朝阳食品有限公司';
```

步骤2：上一步的查询结果为G200312102，然后在merchinfo表中查询出供应商编号为G200312102的商品信息。

```
select *
from merchinfo
where provideid='G200312102';
```

到此，任务就全部完成了。上面两个步骤结合在一起可以使用子查询一步完成，具体语句如下：

```
select *
from merchinfo
where provideid=
(select provideid from provide where providename='朝阳食品有限公司');
```

查询结果如图5-1-1所示。

视频
单值比较子查询

```
mysql> select *
    -> from merchinfo
    -> where provideid=
    -> (select provideid from provide where providename='朝阳食品有限公司');
+-----------+-----------+-----------+--------+---------+-----------+---------+------------+
| Merchid   | Merchname | merchprice| Spec   | Merchnum| Cautionnum| Plannum | Provideid  |
+-----------+-----------+-----------+--------+---------+-----------+---------+------------+
| S800313106| 西红柿    | 22.4      | 30个/箱| 50      | 5         | 20      | G200312102 |
| S800408308| 白糖      | 2         | 1斤/袋 | 100     | 10        | 50      | G200312102 |
+-----------+-----------+-----------+--------+---------+-----------+---------+------------+
2 rows in set (0.00 sec)
```

图 5-1-1 使用返回结果为单行单列子查询的查询结果

79

数据库设计与应用（MySQL）

 学习笔记

● 视频

成员测试子
查询

子查询的返回结果为单行单列数据记录时，子查询语句一般在主查询语句的WHERE子句中，通常会使用比较运算符连接主查询和子查询，这种子查询可称为单值比较测试子查询。此任务中使用的是"="比较运算符。

（2）使用返回结果为多行单列的子查询查询销售过"方便面"的用户信息。

任务分析：销售信息表（sale）中只有用户编号（userid）和商品编号（merchid），"方便面"的商品编号可从商品信息表（merchinfo）中查出，从而可从销售表（sale）中查询到销售过"方便面"的用户编号，再从用户信息表（users）中查询出相关的用户信息。

步骤1：在merchinfo表中查询出"方便面"的商品编号（merchid）

```
select merchid
from merchinfo
where merchname='方便面';
```

步骤2：上一步的运行结果为S800408101。然后在sale表中查询出销售过商品编号为S800408101的用户编号。

```
select distinct userid
from sale
where merchid='S800408101';
```

步骤3：可得出用户编号。

```
2011010330
2011010332
2011010333
```

在users表中查询出用户编号为上述记录的用户信息，语句为：

```
select *
from users
where userid in ('2011010330','2011010332','2011010333');
```

到此，任务就全部完成了。上面三个步骤结合在一起可以使用子查询一步完成，具体语句如下：

```
select *
from users
where userid in
(select userid from sale s,merchinfo m
where s.merchid=m.merchid and merchname='方便面');
```

或

```
select *
from users
where userid in
  (select userid from sale
   where merchid=
    (select merchid from merchinfo where merchname='方便面'));
```

80

查询结果如图5-1-2所示。

图 5-1-2　使用返回结果为多行单列子查询的查询结果

当子查询的返回结果为多行单列数据记录时，子查询语句一般会在主查询语句的WHERE子句中出现，通常会使用IN、ANY、ALL、EXISTS等关键字连接主查询和子查询，此任务中使用的是IN关键字，是集合成员测试子查询。

使用返回结果为单行多列的子查询查询与张成峰的用户类别userstyle和用户密码userpw完全一致的用户信息。

首先查询出张成峰的用户类别和用户密码，使用语句为：

```
select userstyle,userpw from users
where username='张成峰';
```

得到如图5-1-3所示结果：

图 5-1-3　查询张成峰的用户类别和用户密码

然后使用查询：

```
select * from users where (userstyle,userpw)=(1,'123456');
```

得到如图5-1-4所示的结果：

图 5-1-4　查询用户类别为 1 和用户密码为 123456 的用户

即，完整的查询语句为：

```
select * from users where (userstyle,userpw)=(select userstyle,userpw
from users where username='张成峰');
```

（3）使用返回结果为多行多列子查询查询无锡供应商供应的商品信息，要求查询结果列出商品编号（Merchid）、商品名称（Merchname）、供应商编号（provideid）、供应商名称（providename）和供应商电话（telephone）。

任务分析：商品信息表（merchinfo）中只有供应商编号（provideid），没有供应商名称（providename）和供应商电话（providephone），供应商信息表（provide）中有供应商名称（providename）和供应商电话（providephone）信息，此任务如果不要求使用子查询，可使用内连接查询，语句为：

```
select Merchid,Merchname,p.provideid,providename,providephone
from merchinfo m inner join provide p
on m.provideid=p.provideid
where p.provideaddress like '%无锡%';
```

可得到图5-1-5所示的查询结果。

```
mysql> select Merchid,Merchname,p.provideid,providename,providephone
    -> from merchinfo m inner join provide p
    -> on m.provideid=p.provideid
    -> where p.provideaddress like '%无锡%';
+-----------+-----------+------------+------------------+--------------+
| Merchid   | Merchname | provideid  | providename      | providephone |
+-----------+-----------+------------+------------------+--------------+
| S800312101| QQ糖      | G200312105 | 正鑫食品有限公司  | 05108261345* |
| S800313106| 西红柿    | G200312102 | 朝阳食品有限公司  | 05108270378* |
| S800408308| 白糖      | G200312102 | 朝阳食品有限公司  | 05108270378* |
+-----------+-----------+------------+------------------+--------------+
3 rows in set (0.00 sec)
```

图5-1-5 使用内连接查询无锡供应商供应的商品信息

如果要使返回结果为多行多列子查询，则子查询应为无锡供应商信息，包括供应商编号、供应商名称和供应商电话信息，查询语句为：

```
select provideid,providename,providephone
from provide
where provideaddress like '%无锡%';
```

此时子查询返回的多行多列结果可看作一个数据表，所以此任务的子查询应放在FROM子句中，具体查询语句为：

```
select Merchid,Merchname,p.provideid,providename,providephone
from merchinfo m inner join
(select provideid,providename,providephone
from provide
where provideaddress like '%无锡%') p
on m.provideid=p.provideid;
```

得到的查询结果仍然如图5-1-5所示。

需要注意的是子查询返回的多行多列结果被看作一个数据表是没有表名的，此时必须使用表别名，比如此任务语句中的"p"就是子查询返回结果的表别名。

问题思考一：返回结果为单行单列的子查询在使用时一般会放在主查询的什么子句中，使用什么运算符连接主、子查询？

返回结果为单行单列的子查询在使用时一般会放在主查询的WHERE子句中，使用关系运算符连接主、子查询。

问题思考二：返回结果为多行多列的子查询在使用时一般会放在主查询的什么子句中？

返回结果为多行多列的子查询一般会放在主查询的FROM子句中。

学习结果评价

序 号	评价内容	评价标准	评价结果（是/否）
1	知识与技能	正确分析子查询的返回结果的类型	□是 □否
		根据子查询返回结果的类型正确使用子查询	□是 □否
		正确区分子查询和连接查询	□是 □否
2	职业规范	输入命令是否注意大小写	□是 □否
		是否认真核实查询语句格式和要求	□是 □否
3	总评	"是"与"否"在本次评价中所占百分比	"是"占　% "否"占　%

课后作业

1．使用子查询查询pxbgl数据库的sleave表和student_info表，列出请假学员的学员编号（student_id）、学员姓名（student_name）和学员电话（telephone）。

2．使用子查询查询pxbgl数据库的pay_info表和user_info，找出用户名为张三的用户经手的收费信息，要求查询结果列出学员编号（student_id）、学员姓名（student_name）、已交费用（current_price）和用户编号（user_id）。

任务 5-2　使用集合成员测试子查询查询数据表

任务描述

能根据要求正确使用集合成员测试子查询查询数据表。

基础知识

集合成员测试子查询是通过IN或NOT IN与父查询进行连接的，用以判断某个属性字段值是否在子查询的结果中，子查询的结果是一个集合，即子查询返回结果是一个多行单列的数据集合。

任务实现

（一）操作条件

supermarket数据库以及数据库内的七个数据表都已经创建好，并且每个数据表中都有完整的数据。

（二）安全及注意事项

注意任务要求中提出的查询要求，输入语句时不要弄错子查询所在位置以及所使用的运算符。

学习笔记

（三）操作过程

1. 使用子查询找出已经供应商品的供应商信息

任务要求查询已经供应商品的供应商信息，没有要求具体什么信息，所以主查询是查询供应商信息表（provide）的全部字段。已经供应商品的供应商编号应该是出现在商品信息表中的，所以子查询应该是查询商品信息表（merchinfo）中的供应商编号（provide）字段。由此可以得到如下语句：

```
select * from provide
where provideid in
 (select provideid from merchinfo);
```

查询结果如图5-2-1所示。

```
mysql> select * from provide
    -> where provideid in
    -> (select provideid from merchinfo);
+------------+----------------+----------------------+---------------+
| provideid  | providename    | provideaddress       | providephone  |
+------------+----------------+----------------------+---------------+
| G200312101 | 长春食品厂     | 吉林省长春市岭东路   | 04317845954*  |
| G200312102 | 朝阳食品有限公司 | 江苏省无锡市南长区   | 05108270378*  |
| G200312103 | 黑龙江食品厂   | 黑龙江省哈尔滨市     | 04514516547*  |
| G200312105 | 正鑫食品有限公司 | 江苏省无锡市北塘区   | 05108261345*  |
| G200312302 | 康元食品有限公司 | 江苏省             | 05101234543*  |
+------------+----------------+----------------------+---------------+
5 rows in set (0.00 sec)
```

图 5-2-1　使用子查询查询到的已经供应商品的供应商信息

2. 使用子查询查询出还未供应商品的供应商信息

此任务的要求条件与上一个任务正好相反，即主查询是查询供应商信息，子查询与上一任务要求相同，只是主查询的条件是供应商编号不在子查询结果中。由此可以得到如下查询语句：

```
select * from provide
where provideid not in
 (select provideid from merchinfo);
```

查询结果如图5-2-2所示。

```
mysql> select * from provide
    -> where provideid not in
    -> (select provideid from merchinfo);
+------------+------------------+----------------+---------------+
| provideid  | providename      | provideaddress | providephone  |
+------------+------------------+----------------+---------------+
| G200312104 | 松原食品有限公司 | 江苏省江阴市   | 051051678093  |
| G200312201 | 兴隆纸品有限公司 | 上海市浦东     | 025889923410  |
| G200312301 | 宜兴紫砂厂       | 江苏省宜兴市   | 013859554456  |
| G200312305 | 富胜贸易有限公司 | NULL           | 076923077678  |
| G202105231 | 北京美时乐食品有限公司 | NULL     | 010-86661234  |
+------------+------------------+----------------+---------------+
5 rows in set (0.00 sec)
```

图 5-2-2　使用子查询查询到的未供应商品的供应商信息

问题思考： 使用集合成员测试子查询时，子查询一般会放在什么子句中？

一般会放在WHERE子句中作为查询条件。

学习结果评价

序 号	评价内容	评价标准	评价结果（是 / 否）
1	知识与技能	按要求正确使用 NOT IN 或 IN 运算符连接主、子查询	□是 □否
		按要求正确分析子查询返回结果是否属于多行单列	□是 □否
2	职业规范	输入命令是否注意大小写	□是 □否
		是否在查询前后对比条件表达式的使用情况	□是 □否
3	总评	"是"与"否"在本次评价中所占百分比	"是"占　　% "否"占　　%

课后作业

1．使用子查询查询2020年9月2日入学的学员所选课程名称和学时数。（提示：此处需要三重子查询，最里面一重是查询学员信息表（student_info）2020年9月2日入学的学员编号（student_id），中间一重是查询学号对应的选课表（course_selection）中的课程编号（course_id），最外一重查询是查询课程信息表（course_info）中的课程名称（course_name）和学时数（perior））。

2．使用集合成员测试子查询查询pxbgl数据库的course_selection表和course_info表，查询姓名为"张林"的学员选课的课程信息，要求列出课程名称（course_name）、课程学费（tuition）。

任务 5-3　使用存在性测试子查询查询数据表

任务描述

能根据要求正确使用存在性测试子查询查询数据表。

基础知识

（1）存在性测试子查询中，父查询用到的表如果与子查询用到的表不同，要在查询语句中建立两个表的参照关系。

（2）存在性测试子查询使用EXISTS关键字连接主、子查询，表示存在性测试，其中EXISTS关键字后面可以跟任意一类子查询，返回一个布尔类型的结果，如果子查询返回至少一条记录，则EXISTS测试的结果为真，外层查询将被执行。

（3）EXISTS测试可以使用表示否定的NOT EXISTS形式，作用正好相反。

视频

存在性测试
子查询

学习笔记

任务实现

（一）操作条件

supermarket数据库以及数据库内的七个数据表都已经创建好，并且每个数据表中都有完整的数据。

（二）安全及注意事项

注意任务要求中提出的查询要求，输入语句时不要弄错子查询所在位置以及所使用的关键字。

（三）操作过程

（1）使用存在性测试子查询找出已供应商品的供应商信息。

根据任务要求可知此任务只要在商品信息表中存在相关的供应商编号，就能够查询出这些供应商的信息。父查询用到的表如果与子查询用到的表不同，要在查询语句中建立两个表的参照关系，则任务要求的查询语句为：

```
select *
from provide  p
where exists
(select provideid from merchinfo m
 where p.provideid=m.provideid);
```

查询结果如图5-3-1所示。

```
mysql> select *
    -> from provide  p
    -> where exists
    -> (select provideid from merchinfo m where p.provideid=m.provideid);
+------------+----------------------+--------------------------+----------------+
| provideid  | providename          | provideaddress           | providephone   |
+------------+----------------------+--------------------------+----------------+
| G200312101 | 长春食品厂            | 吉林省长春市岭东路        | 04317845954*   |
| G200312102 | 朝阳食品有限公司      | 江苏省无锡市南长区        | 05108270378*   |
| G200312103 | 黑龙江食品厂          | 黑龙江省哈尔滨市          | 04514516547*   |
| G200312105 | 正鑫食品有限公司      | 江苏省无锡市北塘区        | 05108261345*   |
| G200312302 | 康元食品有限公司      | 江苏省                    | 05101234543*   |
+------------+----------------------+--------------------------+----------------+
5 rows in set (0.00 sec)
```

图 5-3-1   使用存在性测试子查询查询的已供应商品的供应商信息

（2）查询商品信息表merchinfo中是否存在商品价格（merchprice）高于20元的商品，如果不存在，则查询供应商信息表（provide）中所有记录。

任务要求只要不存在商品价格高于20元的商品信息，就查询供应商信息表中所有记录，没有要求是已经供应商品的，还是还未供应商品的。由此可知，主查询就是查询provide表中所有记录，子查询就是查询merchprice>20的商品信息，如果子查询的返回结果至少有一条，就无法执行主查询语句。根据分析可得到如下查询语句：

```
select *
```

```
from provide
where not exists
(select * from merchinfo
where merchprice>20);
```

查询结果如图5-3-2所示。

```
mysql> select *
    -> from provide
    -> where not exists
    -> (select * from merchinfo
    -> where merchprice>20);
Empty set (0.00 sec)
```

图 5-3-2　使用否定的存在性测试子查询的查询结果

这个查询结果说明有价格高于20元的商品存在，所以无法查看到供应商信息。

问题思考： 存在性测试子查询中的关键字EXISTS一般出现在主查询的哪个子句中？
WHERE子句中。

学习结果评价

序　　号	评价内容	评价标准	评价结果（是/否）
1	知识与技能	按要求正确使用存在性测试子查询的关键字 EXISTS 和 NOT EXISTS	□是 □否
		按要求正确判断子查询的返回结果	□是 □否
2	职业规范	输入命令是否注意大小写	□是 □否
		是否在查询前后做对比	□是 □否
3	总评	"是"与"否"在本次评价中所占百分比	"是"占　% "否"占　%

课后作业

1．使用存在性测试子查询查询pxbgl数据库的欠费信息arrearage表，如果存在欠费的同学，就查询交费信息表pay_info中的交费信息。

2．使用存在性测试子查询查询pxbgl数据库的请假信息sleave表，如果有请假的学员，查询出请假学员的具体信息，包括学员姓名（student_name）、学员性别（sex）和联系电话（telephone）。

任务 5-4　使用比较测试子查询查询数据表

任务描述

能根据要求正确使用比较测试子查询查询一个或多个数据表。

基础知识

（1）比较测试子查询，根据子查询结果值的数量不同又可分为单值比较测试子查询和批量比较测试子查询。

（2）单值比较测试子查询的返回结果是一个单行单列的数据，通过比较运算符将主查询和子查询连接起来。

（3）批量比较测试子查询的返回结果是一个多行单列的数据，与集合成员测试子查询有相似的地方，也有不同。

（4）在批量比较测试子查询中，需要用到关键字ANY和ALL，这两个关键字与比较运算符的常见组合有：

>ANY：大于子查询结果集中的最小值。

<ANY：小于子查询结果集中的最大值。

=ANY：等于子查询结果集中的任一值，等价于IN运算符。

>ALL：大于子查询结果集中的最大值。

<ALL：小于子查询结果集中的最小值。

任务实现

（一）操作条件

supermarket数据库以及数据库内的七个数据表都已经创建好，并且每个数据表中都有完整的数据。

（二）安全及注意事项

注意任务要求中提出的比较条件与子查询返回结果的关系，不要弄错关键字和比较运算符。

（三）操作过程

（1）使用子查询查询出由"黑龙江食品厂"供货的商品信息。

根据任务要求可知主查询是查询商品信息表（merchinfo）的商品信息，子查询是查询供应商信息表（provide）中的名称为"黑龙江食品厂"的供应商编号，主查询的条件就是商品信息表中供应商编号与子查询返回的供应商编号相等，由此可以得到如下语句：

```
select * from merchinfo
where provideid=(
  select provideid from provide
  where providename='黑龙江食品厂');
```

查询结果如图5-4-1所示。

```
mysql> select * from merchinfo
    -> where provideid=(
    -> select provideid from provide
    -> where providename='黑龙江食品厂');
+------------+------------+------------+----------+---------+------------+----------+------------+
| merchid    | merchname  | merchprice | spec     | merchnum | cautionnum | plannum  | provideid  |
+------------+------------+------------+----------+---------+------------+----------+------------+
| S690180880 | 杏仁露     |        3.3 | 12厅/箱  |      50 |          2 |       50 | G200312103 |
| S800408309 | 胡萝卜     |        2.5 | 20厅/箱  |      20 |          1 |       15 | G200312103 |
+------------+------------+------------+----------+---------+------------+----------+------------+
2 rows in set (0.00 sec)
```

图5-4-1　使用子查询查询的黑龙江食品厂供应的商品信息

此时的子查询返回结果是单行单列数据，此任务所做的就是单值比较测试子查询。这类的子查询需要使用比较运算符作为主查询的查询条件，放在主查询的WHERE子句中。

（2）使用子查询在商品信息表（merchinfo）中查询出所有高于平均商品价格的商品信息。

根据任务要求可知主查询需要查询的是商品信息，子查询需要查询的是商品信息表中平均商品价格，主查询的条件就是商品价格高于子查询的返回值，具体语句如下：

```
select * from merchinfo
where merchprice>(
select avg(merchprice) from merchinfo);
```

查询结果如图5-4-2所示。

```
mysql> select * from merchinfo
    -> where merchprice>(
    -> select avg(merchprice) from merchinfo);
+------------+------------+------------+----------+---------+------------+----------+------------+
| Merchid    | Merchname  | merchprice | Spec     | Merchnum | Cautionnum | Plannum  | Provideid  |
+------------+------------+------------+----------+---------+------------+----------+------------+
| S800312101 | QQ糖       |         12 | 10粒/袋  |     500 |         10 |      100 | G200312105 |
| S800313106 | 西红柿     |       22.4 | 30个/箱  |      50 |          5 |       20 | G200312102 |
| S800408101 | 方便面     |         29 | 20袋/箱  |      50 |          5 |       30 | G200312101 |
| S700120103 | 抹茶西饼   |         20 | 300克    |      50 |          5 |       50 | G200312302 |
+------------+------------+------------+----------+---------+------------+----------+------------+
4 rows in set (0.00 sec)
```

图5-4-2　使用子查询查询的商品价格高于平均价格的商品信息

此时子查询返回的也是单行单列数据，主查询的查询条件是商品价格大于子查询求得的平均商品价格，即子查询的返回值。

（3）在交易信息表（dealing）中查询交易价格（dealingprice）大于会员"1002300013"的所有交易价格的交易信息。

分析任务：任务要求查询的是比会员"1002300013"的每条交易记录的交易价格都高的交易信息，此时应该用到ALL关键字才能够满足该条件。查询语句如下：

```
select *
from dealing
where dealingprice>ALL
(select dealingprice from dealing
where memberid='1002300013')
```

查询结果如图5-4-3所示。

学习笔记

```
mysql> select *
    -> from dealing
    -> where dealingprice>ALL
    -> (select dealingprice from dealing
    -> where memberid='1002300013');
+----------+--------------+---------------------+------------+------------+
| dealingid | Dealingprice | Dealingdate         | Memberid   | userid     |
+----------+--------------+---------------------+------------+------------+
|        2 |         87.5 | 2011-01-25 00:00:00 | 1002300018 | 2011010330 |
|        4 |          200 | 2011-01-30 00:00:00 | 1002300012 | 2011010332 |
|        5 |         87.5 | 2011-01-31 00:00:00 | 1002300014 | 2011010333 |
|        6 |          175 | 2011-01-31 00:00:00 | 1002300012 | 2011010330 |
|        7 |         97.5 | 2011-02-10 00:00:00 | 1002300018 | 2011010331 |
|        9 |          200 | 2011-02-19 00:00:00 | 1002300018 | 2011010333 |
+----------+--------------+---------------------+------------+------------+
6 rows in set (0.00 sec)
```

图 5-4-3　使用子查询查询高于编号为"1002300013"的所有交易价格的交易信息

此任务中子查询的返回结果是多行单列数据，要想在主查询中设置满足任务要求的条件，需要使用关系运算符">"和ALL关键字，是典型的批量比较测试子查询。

（4）查询商品信息表（merchinfo）中的商品编号（merchid）、商品名称（merchname）、商品价格（merchprice），要求这些商品的价格不低于供应商编号（provideid）为G200312302的商品价格。

根据任务要求主查询是查询merchinfo表中的merchid、merchname、merchprice三个字段内容，条件要求merchprice不低于（也就是大于或等于）provideid为G200312302的商品价格中的最小值即可，结合基础知识的相关内容，可以得到如下查询语句：

```
select merchid,merchname,merchprice
from merchinfo
where merchprice>=any(
  select merchprice from merchinfo
  where provideid='G200312302');
```

查询结果如图5-4-4所示。

```
mysql> select merchid,merchname,merchprice
    -> from merchinfo
    -> where merchprice>=any(
    -> select merchprice from merchinfo
    -> where provideid='G200312302');
+------------+-----------+------------+
| merchid    | merchname | merchprice |
+------------+-----------+------------+
| S800312101 | QQ糖       |         12 |
| S800313106 | 西红柿     |       22.4 |
| S800408101 | 方便面     |         29 |
| S700120101 | 提子饼干   |        7.8 |
| S700120102 | 老面包     |          5 |
| S700120103 | 抹茶西饼   |         20 |
+------------+-----------+------------+
6 rows in set (0.00 sec)
```

图 5-4-4　查询商品价格不低于 G200312302 供货的商品的最低价格的商品信息

此时子查询的返回结果是一个多行单列数据，是供应商编号为G200312302的商品价格，这个结果集中只要有一条记录小于或等于商品信息表中的商品价格，就表示主查询条件满足。此处使用了批量比较测试子查询中常用的组合">=ANY"。

问题思考：查询商品信息表中高于G200312302供应的商品价格的商品信息该使用什么关键字？

此时应该使用ALL关键字，因为问题要求是高于G200312302提供的商品价格，那就必须设置商品价格满足">ALL"组合，简单理解就是商品价格要大于G200312302提供的所有商品价格。

学习结果评价

序　号	评价内容	评价标准	评价结果（是／否）
1	知识与技能	按要求正确使用单值比较测试子查询	□是 □否
		按要求正确使用批量比较测试子查询	□是 □否
2	职业规范	输入命令是否注意大小写	□是 □否
		是否在查询前后对比条件表达式的使用情况	□是 □否
3	总评	"是"与"否"在本次评价中所占百分比	"是"占　％ "否"占　％

课后作业

1. 使用比较测试子查询查询pxbgl数据库的pay_info表，列出欠费金额大于平均值的交费信息，要求查询结果列出学员编号（student_id）、学员姓名（student_name）、已交费用（current_price）和欠费金额（arrearage）。

2. 使用比较测试子查询查询pxbgl数据库的pay_info表，列出比1号用户（user_id）经手的所有已交费用都高的交费信息，要求结果列出学员编号（student_id）、学员姓名（student_name）和已交费用（current_price）。

工作任务 6

使用索引提高数据查询效率

学习目标

（1）能按要求在所需要的表中创建索引。

（2）能按要求删除索引。

最终目标

能根据提供的要求在所需要的表中创建或删除索引。

任务 6-1　创建和查看索引

任务描述

能够按要求在所需要的表中正确创建索引并会查看索引信息。

基础知识

（1）索引的含义。为提高数据库查询效率，加快排序和分组操作，从而提高系统性能，可通过创建索引实现上述目标。索引是单独的、物理的数据库结构，它依赖于表的建立。索引与数据库的关系可比作一本书的目录与正文内容之间的关系：每本书都有目录，可通过目录查找书中内容，同样，数据库都有索引，通过索引也可以查找数据库中的数据。

（2）索引的分类。MySQL支持6种索引：普通索引、唯一索引、全文索引、单列索引、多列索引和空间索引。

普通索引是指在创建索引时不附加任何限制条件，比如唯一、非空等限制。普通索引可以创建在任务数据类型的字段上。

唯一索引是指在创建索引时，限制索引的值必须是唯一的。通过唯一索引可以更快速地查询某条记录。

全文索引是指关联在数据类型为CHAR、VARCHAR和TEXT的字段上，以便能够更加快速地查询数据量较大的字符串类型的字段。

单列索引是指在创建索引时，所关联的字段只有一个。

多列索引是指在创建索引时，所关联的字段不只一个，而是多个字段。只有查询条件中使用了所关联字段中的第一个字段，多列索引才会被使用。

空间索引是用于提升空间搜索效率使用的索引。

（3）索引的优缺点：

索引的优点是提高查询数据的速度；

索引的缺点是创建和维护索引需要耗费时间，过多的索引还会占据许多存储空间。

（4）适合创建索引的情况。经常被查询的字段，即 WHERE子句中出现的字段；在分组的字段，即在GROUP BY子句中出现的字段；存在依赖关系的子表和父表之间的连接查询，即主键与外键字段；设置唯一完整性约束的字段。

（5）虽然索引有不同种类，但是索引的创建一般都分为三种情况：创建表时创建索引；在已经存在的表上使用CREATE INDEX命令创建索引；使用ALTER TABLE命令修改已经存在的表的结构时创建索引。

任务实现

（一）操作条件

supermarket数据库以及数据库内的七个数据表都已经创建好，并且每个数据表中都有完整的数据。

（二）安全及注意事项

（1）注意任务要求中提出的创建索引的要求是在创建表的同时直接创建索引还是在已经存在的表上创建索引。

（2）注意创建索引是单列索引还是多列索引。

（三）操作过程

1. 创建表的时候创建索引

创建表时可以直接创建索引，这种方式简单方便，具体语法格式为：

```
CREATE TABLE {tablename}(
{column name} {datatype}[constraint],
…,
[UNIQUE|FULLTEXT|SPATIAL] INDEX|KEY
[index name]({column name}[(length)] [ASC|DESC],…));
```

此处UNIQUE表示创建的是唯一索引，FULLTEXT表示创建的是全文索引，SPATIAL表示创建的是空间索引。

例如：在supermarket数据库中创建一个名为newusers的数据表，字段要求如表6-1-1

学习笔记

所示。在创建表时在用户姓名（username）字段上创建唯一索引，索引名为index_name。

表 6-1-1　newusers 表的字段要求

字段名	字段数据类型	是否可以为空
userid	varchar(10)	NO
username	varchar(25)	NO
userpw	varchar(50)	NO
userstyle	tinyint(4)	YES

视频

创建表同时创
建索引

参照语句的语法格式，可以得到如下语句：

```
create table newusers(
userid varchar(10) not null,
username varchar(25) not null,
userpw varchar(50) not null,
userstyle tinyint(4),
unique index index_name(username)
);
```

出现如图6-1-1所示的运行结果，表示创建索引成功。

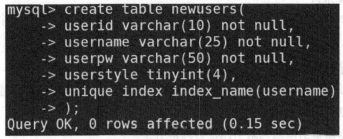

图 6-1-1　创建 newusers 表时在 username 字段上创建索引 index_name

创建索引后可以使用 SHOW INDEX 命令来列出表中相关的索引信息，具体格式为：

```
SHOW INDEX FROM {tablename} [\G]|;
```

此处的"\G"用来格式化输出信息，表示将行转换成列显示，使用"\G"，不需要再使用";"。

若想查看刚刚创建的newusers表中的索引信息，可使用如下语句：

```
show index from newusers \G
```

得到如图6-1-2所示的索引信息。

```
mysql> show index from newusers \G;
*********************** 1. row ***********************
        Table: newusers
   Non unique: 0
     Key_name: index_name
 Seq_in_index: 1
  Column_name: username
    Collation: A
  Cardinality: 0
     Sub_part: NULL
       Packed: NULL
         Null:
   Index_type: BTREE
      Comment:
Index_comment:
1 row in set (0.00 sec)
```

图 6-1-2　显示 newusers 表中的索引信息

2. 在已经存在的表上使用 create index 创建索引

在已经存在的表上可以直接为表上的一个或多个字段创建索引，语句的具体语法格式为：

```
CREATE [UNIQUE|FULLTEXT|SPATIAL] INDEX {index name}
ON {table name}({column name}[(length)] [ASC|DESC],…);
```

关键字的含义与创建表时创建索引时相同，不再赘述。

例如：在supermarket数据库的merchinfo表的merchname字段上创建一个名为index_mname的唯一索引。

此处只说创建唯一索引，没有说索引的排序要求，也没说索引字段的长度要求，参照语句的语法格式，可以得到如下语句：

```
create unique index index_mname
on merchinfo(merchname);
```

出现图6-1-3所示的运行结果，表示成功在已经存在的merchinfo表的merchname字段上创建了唯一索引。

```
mysql> create unique index index_mname
    -> on merchinfo(merchname);
Query OK, 0 rows affected (2.24 sec)
Records: 0  Duplicates: 0  Warnings: 0
```

图 6-1-3　在 merchinfo 表的 merchname 字段上成功创建唯一索引

使用show index from merchinfo \G可以得到图6-1-4所示的索引信息。

视频

create index
创建索引

```
mysql> show index from merchinfo \G;
*********************** 1. row ***************
        Table: merchinfo
   Non_unique: 0
     Key_name: index_mname
 Seq_in_index: 1
  Column_name: Merchname
    Collation: A
  Cardinality: 9
     Sub_part: NULL
       Packed: NULL
         Null:
   Index_type: BTREE
      Comment:
Index_comment:
1 row in set (0.00 sec)
```

图 6-1-4　显示 merchinfo 表的索引信息

alter table创建索引

3. 在已经存在的表上使用 alter table 创建索引

在已经存在的表上可以使用修改表结构的方式为表中的一个或多个字段创建索引，即使用alter table创建索引，具体语法格式为：

```
alter table {table name}
ADD [UNIQUE|FULLTEXT|SPATIAL] INDEX|KEY {index name}
({column name}[(length)] [ASC|DESC],…);
```

例如：在supermarket数据库的provide表的provideid字段上创建一个名为index_id的唯一索引，要求provideid按降序排序。

结合语句的语法格式，可以得到如下语句：

```
alter table provide
add unique index index_id
(provideid desc);
```

出现图6-1-5所示的运行结果，表示已经成功在provide表的provideid字段上创建唯一索引。

```
mysql> alter table provide
    -> add unique index index_id
    -> (provideid desc);
Query OK, 0 rows affected (0.54 sec)
Records: 0  Duplicates: 0  Warnings: 0
```

图 6-1-5　在 provide 表的 provideid 字段上成功创建唯一索引

使用show index from provide \G可以查看provide表上的索引信息，得到图6-1-6所示的显示结果。

```
mysql> show index from provide \G;
*********************** 1. row ***************************
        Table: provide
   Non_unique: 0
     Key_name: index_id
 Seq_in_index: 1
  Column_name: provideid
    Collation: A
  Cardinality: 10
     Sub_part: NULL
       Packed: NULL
         Null:
   Index_type: BTREE
      Comment:
Index_comment:
1 row in set (0.00 sec)
```

图 6-1-6 显示 provide 表的索引信息

问题思考：多个单列索引和多列索引是一回事吗？

不是。单列索引关联的是一个字段，而多列索引关联的是多个字段。

学习结果评价

序 号	评价内容	评价标准	评价结果（是/否）
1	知识与技能	正确使用 CREATE TABLE 在创建表时创建索引	□是 □否
		按照要求正确使用相应的语句格式在已存在表上创建索引	□是 □否
		正确查看指定表的索引信息	□是 □否
2	职业规范	输入命令是否注意大小写	□是 □否
		是否认真对照创建索引前后的查询效率	□是 □否
3	总评	"是"与"否"在本次评价中所占百分比	"是"占 % "否"占 %

课后作业

1. 在pxbgl数据库中创建teacher_info表，表中包含字段如下：teacher_id，6位字符型；teacher_name，10位可变长字符型；gender，1位字符型；title，10位可变长字符型；birth，日期型。要求创建表时在teacher_name字段上创建一个名为index_name的普通索引。

2. 在pxbgl数据库的pay_info表的memo字段上创建一个名为index_mem的全文索引，要求使用CREATE INDEX语句。

3. 在pxbgl数据库的course_selection表的student_id和course_id两个字段上创建一个名为index_id的多列索引，要求使用ALTER TABLE语句。

任务 6-2　删除索引

任务描述

能根据要求正确地从指定数据表中删除指定索引。

基础知识

（1）删除索引是指删除数据表中已经存在的索引，以提升表的更新速度。

（2）删除索引可以直接使用drop index语句完成，也可以使用alter table语句完成，具体格式如下：

```
drop index {index name}
on {table name};
```

或：

```
alter table {table name}
drop index {index name};
```

任务实现

（一）操作条件

supermarket数据库以及数据库内的七个数据表都已经创建好，并且每个数据表中都有完整的数据。

（二）安全及注意事项

注意任务要求中提出的删除索引的要求。

（三）操作过程

（1）删除supermarket数据库的newusers表中的index_name索引。

结合语句的语法格式，可以得到如下语句：

```
drop index index_name on newusers;
```

或：

```
alter table newusers drop index index_name;
```

得到图6-2-1所示的执行结果。

视频

删除索引

```
mysql> drop index index_name on newusers;
Query OK, 0 rows affected (0.13 sec)
Records: 0  Duplicates: 0  Warnings: 0
mysql> alter table newusers drop index index_name;
Query OK, 0 rows affected (0.20 sec)
Records: 0  Duplicates: 0  Warnings: 0
```

图 6-2-1　删除索引 index_name 的执行结果

（2）删除supermarket数据库的provide表中的index_id索引。

在执行删除索引语句之前，可使用EXPLAIN命令查看要被删除的索引是否生效，然后再进行删除。

EXPLAIN命令的格式如下：

```
EXPLAIN SELECT {column name list} FROM {table name} WHERE condition;
```

例如，要查看此任务中要被删除的index_id索引是否生效，就可以使用如下语句：

```
explain select * from provide where provideid='G200312103' \G
```

查看index_id索引是否生效，具体结果如图6-2-2所示。

```
mysql> explain select * from provide where provideid='G200312103' \G;
*************************** 1. row ***************************
           id: 1
  select_type: SIMPLE
        table: provide
   partitions: NULL
         type: const
possible_keys: index_id
          key: index_id
      key_len: 32
          ref: const
         rows: 1
     filtered: 100.00
        Extra: NULL
1 row in set, 1 warning (0.01 sec)
```

图 6-2-2　查看 provide 表的 index_id 索引是否生效

从图6-2-2中的划线部分可以看到possible_keys和key字段处的值都是所创建的索引名index_id，说明该索引已经存在，而且已经开始启用。

结合语句的语法格式，可得到如下删除索引index_id的语句：

```
drop index index_id on provide;
```

或：

```
alter table provide drop index index_id;
```

执行后可得到图6-2-3所示的运行结果。

```
mysql> drop index index_id on provide;
Query OK, 10 rows affected (0.12 sec)
Records: 10  Duplicates: 0  Warnings: 0

mysql> alter table provide drop index index_id;
Query OK, 10 rows affected (1.69 sec)
Records: 10  Duplicates: 0  Warnings: 0
```

图 6-2-3　删除 index_id 索引的执行结果

学习笔记

学习结果评价

序 号	评价内容	评价标准	评价结果（是 / 否）
1	知识与技能	按要求正确使用 DROP INDEX 语句删除指定索引	□是 □否
		按要求正确使用 ALTER TABLE 语句删除指定索引	□是 □否
2	职业规范	输入命令是否注意大小写	□是 □否
		是否认真对照删除索引前后的查询效率	□是 □否
3	总评	"是"与"否"在本次评价中所占百分比	"是"占　% "否"占　%

课后作业

1. 删除pxbgl数据库的teacher_info表的名为index_name的普通索引。

2. 查看pxbgl数据库的pay_info表的memo字段上的名为index_mem的全文索引是否生效。

3. 删除pxbgl数据库的course_selection表的名为index_id的多列索引。

工作任务 7

使用视图提高复杂查询语句的复用性

学习目标

（1）能熟练使用 SQL 语句创建视图。

（2）能熟练使用视图进行数据查询，将查询语句与视图很好地结合。

（3）能通过视图对数据表中的数据进行修改。

最终目标

能根据提供的特定条件进行数据统计，并创建视图。

任务 7-1　认识视图

任务描述

能够按照要求创建视图并通过视图查询数据。

基础知识

（1）视图的概念。视图（view）是通过对一个或多个数据表查询得到的"表"。视图本质上是一个虚拟表，内容与真实表相似，包含一系列带有名称的列和行数据。

（2）视图实质上是存储了一个查询语句。将视图中查询语句所查询的数据表称为"基本表"，视图中所看到的数据其实是基本表中存储的数据。

（3）视图创建后，可以像对待基本表一样对其进行查询、删除等操作，也可以在视图的基础上再创建新的视图，但是通过视图对基本表数据的更新操作有一定的限制。

（4）视图的特点：视图的列可以来自不同的表，是表的抽象和在逻辑意义上建立的新关系；视图是由基本表（实表）产生的表（虚表）；视图的创建与删除不影响基本表；对视图内容的更新直接影响基本表；当视图来自多个基本表时，不允许添加和删除数据。

（5）视图的优点：视图的使用可以提高复杂查询语句的复用性和表操作的安全性。

数据库设计与应用（MySQL）

任务实现

（一）操作条件

supermarket数据库以及数据库内的七个数据表都已经创建好，并且每个数据表中都有完整的数据。

（二）安全及注意事项

注意任务中提出的创建视图要求是关联一个数据表还是多个数据表。

（三）操作过程

1. 创建视图

创建视图语句的语法格式如下：

```
CREATE VIEW {view name}[({column name1,column name2, ..., column nameN)]
AS
SELECT 语句
[WITH [CASCADE|LOCAL] CHECK OPTION];
```

其中：视图名的命名与表命名相同，不能与其他视图名重名；WITH CHECK OPTION选项的意思是，通过视图更新数据时检查更新的数据是否符合视图定义中的WHERE子句设置的条件，如果不特别指定，默认是WITH CASCADE CHECK OPTION，表示循环检查视图的规则以及底层视图的规则，WITH LOCALCHECK OPTION表示只检查当前视图的规则。

任务7-1-1：创建一个名为view_jsprovide的视图，要求该视图包含来自江苏省供应商的基本信息。

任务分析：供应商信息表（provide）的供应商地址（provideaddress）字段如果包含"江苏省"就可以表示该供应商来自江苏省，江苏省供应商基本信息可使用如下查询语句查询得到：

```
select *
from  provide
where provideaddress like '%江苏省%';
```

任务要求创建的视图就是将该查询语句"包装"起来。具体语句如下：

```
create view view_jsprovide
as
select *
from  provide
where provideaddress like '%江苏省%';
```

语句执行后得到图7-1-1所示的运行结果，表示创建视图成功。

● 视频
创建视图

```
mysql> create view view_jsprovide
    -> as
    -> select *
    -> from  provide
    -> where provideaddress like '%江苏省%';
Query OK, 0 rows affected (1.68 sec)
```

图 7-1-1　创建视图 view_jsprovide 成功

视图view_jsprovide创建后，可通过查询语句查询视图中的数据信息，具体语句如下：

```
select * from view_jsprovide;
```

查询结果与创建该视图的查询语句的查询结果相同，如图7-1-2所示。

```
mysql> select *  from  provide where provideaddress like '%江苏省%';
+-----------+----------------+------------------+--------------+
| provideid | providename    | provideaddress   | providephone |
+-----------+----------------+------------------+--------------+
| G200312102| 朝阳食品有限公司 | 江苏省无锡市南长区 | 05108270378* |
| G200312104| 松原食品有限公司 | 江苏省江阴市      | 05105167809* |
| G200312105| 正鑫食品有限公司 | 江苏省无锡市北塘区 | 05108261345* |
| G200312301| 宜兴紫砂厂       | 江苏省宜兴市      | 01385955445* |
| G200312302| 康元食品有限公司 | 江苏省          | 05101234543* |
+-----------+----------------+------------------+--------------+
5 rows in set (0.00 sec)
mysql> select * from view_jsprovide;
+-----------+----------------+------------------+--------------+
| provideid | providename    | provideaddress   | providephone |
+-----------+----------------+------------------+--------------+
| G200312102| 朝阳食品有限公司 | 江苏省无锡市南长区 | 05108270378* |
| G200312104| 松原食品有限公司 | 江苏省江阴市      | 05105167809* |
| G200312105| 正鑫食品有限公司 | 江苏省无锡市北塘区 | 05108261345* |
| G200312301| 宜兴紫砂厂       | 江苏省宜兴市      | 01385955445* |
| G200312302| 康元食品有限公司 | 江苏省          | 05101234543* |
+-----------+----------------+------------------+--------------+
5 rows in set (0.00 sec)
```

图 7-1-2　查询 view_jsprovide 视图的数据信息

任务7-1-2：创建统计每个供应商供应的商品种类数的视图view_merchkinds。

任务分析：根据任务要求可知，要想统计供应商提供的商品种类数应该是针对商品信息表（merchinfo）进行的查询，并且需要用到聚合函数count()，函数括号内应该放置商品编号（merchid）。具体查询语句如下：

```
select provideid,count(merchid) 商品种类数
from merchinfo
group by provideid;
```

将上述查询语句"包装"成视图，语句如下：

```
create view view_merchkinds
as
select provideid as 供应商编码,count(merchid) 商品种类数
from merchinfo
group by provideid;
```

语句执行后可得到图7-1-3所示的运行结果。

```
mysql> create view view_merchkinds
    -> as
    -> select provideid as 供应商编码,count(merchid) 商品种类数
    -> from merchinfo
    -> group by provideid;
Query OK, 0 rows affected (0.10 sec)
```

图 7-1-3　创建视图 view_merchkinds 成功

此任务所创建的视图可使用查询语句进行查询，如图7-1-4所示。

```
mysql> select * from view_merchkinds;
+--------------+--------------+
| 供应商编码    | 商品种类数    |
+--------------+--------------+
| G200312101   |            1 |
| G200312102   |            2 |
| G200312103   |            2 |
| G200312105   |            1 |
| G200312302   |            3 |
+--------------+--------------+
5 rows in set (0.01 sec)
```

图 7-1-4　查询 view_merchkinds 视图的数据信息

任务7-1-3：创建统计每位超市会员消费情况的视图view_dealing。提示：查询交易信息表（dealing），统计每位会员的消费总金额。

创建视图的语句如下：

```
create view view_dealing
as
select memberid as 会员编号,sum(dealingprice) 消费总金额
from dealing
group by memberid;
```

任务7-1-4：创建用户销售商品信息视图view_sale。要求视图中包含用户编号（userid）、用户姓名（username）、商品编号（merchid）和销售价格（saleprice）四项内容。

任务分析：从任务要求中可知视图view_sale应该涉及两个表——销售信息表（sale）和用户信息表（users），两个数据表之间通过用户编号（userid）建立两表内连接。创建视图的语句如下：

```
create view view_sale
as
select u.userid as 用户编号,u.username as 用户姓名,s.merchid as 商品编号,
s.saleprice as 销售价格
from users u,sale s
where u.userid=s.userid;
```

2. 查看视图

创建视图后经常需要查看视图信息，而且视图是虚拟表，很多用于查看表的语句也可以用来查看视图信息。

任务7-1-5：查看supermarket数据库中存在哪些视图。

此时可使用：

```
show tables;
```

查看数据库中所有表和视图的名称，如图7-1-5所示。

学习笔记

视频

查看、修改、
删除视图

图 7-1-5　查看视图名称

图7-1-5中圆角矩形标出的部分就是任务7-1-1～任务7-1-4所创建的四个视图。

任务7-1-6：查看视图view_dealing的基本定义结构。

使用DESC[RIBE] {table name};可以查看表的基本结构，同理，可以使用

```
DESC[RIBE] {view name};
```

查看视图的基本定义结构。

则完成任务7-1-6要求的语句为：

```
describe view_dealing;
```

执行结果如图7-1-6所示。

```
mysql> describe view_dealing;
+------------+-------------+------+-----+---------+-------+
| Field      | Type        | Null | Key | Default | Extra |
+------------+-------------+------+-----+---------+-------+
| 会员编号    | varchar(10) | NO   |     | NULL    |       |
| 消费总金额  | double      | YES  |     | NULL    |       |
+------------+-------------+------+-----+---------+-------+
2 rows in set (0.00 sec)
```

图 7-1-6　查看视图 view_dealing 基本定义结构

任务7-1-7：查看视图view_sale的详细定义信息。

与使用show create table {table name};查看创建表的详细信息类似，可以使用show create view {view name};查看创建视图的详细信息。

完成任务7-1-7要求的语句为：

学习笔记

```
show create view view_sale \G
```

可得到图7-1-7所示的执行结果。

```
mysql> show create view view_sale \G
*************************** 1. row ***************************
                View: view_sale
         Create View: CREATE ALGORITHM=UNDEFINED DEFINER=`root`@`%` SQL SECURITY DEFINER VIEW `view_sale` AS select `u`.`Userid` AS
`用户编号`,`u`.`Username` AS `用户姓名`,`s`.`Merchid` AS `商品编号`,`s`.`Saleprice` AS `销售价格` from (`users` `u` join `sale` `s`) wh
ere (`u`.`Userid` = `s`.`userid`)
character_set_client: utf8
collation_connection: utf8_general_ci
1 row in set (0.00 sec)
```

图 7-1-7 查看创建视图 view_sale 的详细信息

3. 删除视图

删除视图的语句格式如下：

```
DROP VIEW {view name list};
```

例如：删除视图view_merchkinds。

根据语句的语法格式可以得到如下语句：

```
drop view view_merchkinds;
```

得到图7-1-8所示的执行结果。

```
mysql> drop view view_merchkinds;
Query OK, 0 rows affected (0.00 sec)
```

图 7-1-8 成功删除视图 view_merchkinds

4. 修改视图

与修改表相同，修改视图也可使用ALTER命令，具体语句格式如下：

```
ALTER VIEW {view name}[({column name1,column name2, …, column nameN})]
AS
SELECT 语句
[WITH [CASCADE|LOCAL] CHECK OPTION];
```

与创建视图语句格式相比，除了修改的关键字ALTER替换了创建的关键字CREATE，其他格式全部相同，此处不再赘述。

例如：修改视图view_jsprovide，要求该视图只能看到江苏供应商的供应商编号（provideid）和供应商名称（providename）。

根据修改视图语句的语法格式以及修改视图的要求可以得到如下语句：

```
alter view view_jsprovide(provideid,providename)
as
select provideid,providename
from provide
where provideaddress like '%江苏省%';
```

使用select * from view_jsprovide;查询修改后的视图，可得到如图7-1-9所示的查询结果。

```
mysql> select * from view_jsprovide;
+-------------+----------------------+
| provideid   | providename          |
+-------------+----------------------+
| G200312102  | 朝阳食品有限公司     |
| G200312104  | 松原食品有限公司     |
| G200312105  | 正鑫食品有限公司     |
| G200312301  | 宜兴紫砂厂           |
| G200312302  | 康元食品有限公司     |
+-------------+----------------------+
5 rows in set (0.00 sec)
```

图 7-1-9　修改后的 view_jsprovide 的信息查询结果

问题思考： 创建视图的语句本身没有问题，为啥不能执行语句？

有两种可能，一是视图名称已经存在，二是当前用户没有创建视图的权限。

学习结果评价

序　　号	评价内容	评价标准	评价结果（是/否）
1	知识与技能	正确使用 CREATE VIEW 按要求创建视图	□是 □否
		正确使用 DESC 查看指定视图的基本定义结构	□是 □否
		正确使用 SHOW TABLES 查看已经创建的视图	□是 □否
		正确使用 DROP VIEW 删除指定的视图	□是 □否
		正确使用 ALTER VIEW 修改指定的视图	□是 □否
2	职业规范	输入命令是否注意大小写	□是 □否
		是否认真核实视图中查询语句格式和要求	□是 □否
3	总评	"是"与"否"在本次评价中所占百分比	"是"占　％ "否"占　％

课后作业

1. 在pxbgl数据库中创建可查询女性学员基本信息（student_info表）的名为view_student_info的视图。

2. 在pxbgl数据库中创建统计学员请假次数的视图"view_leave"，需要使用请假信息表sleave。

3. 在pxbgl数据库中创建统计培训班学员欠费情况的视图"view_arrears"，需要使用交费信息表pay_info。

4. 在pxbgl数据库中创建学员选课信息的视图"view_course_selection"，需要使用学员信息表（student_info）和选课信息表（course_selection），列出学员编号（student_id）、学员姓名（student_name）、学员性别（sex），课程编号（course_id）、课程名称（course_name）。

任务 7-2　通过视图修改基本表中数据

任务描述

能根据要求通过已创建的视图对基本表中数据进行修改。

基础知识

（1）通过视图查询数据，与通过表查询数据完全相同，SELECT语句格式只需要把FROM子句中的表名改成视图名，只不过，通过视图查询数据比表更安全、实用。

（2）对视图数据进行添加、删除和修改操作直接影响基本表，简单而言，通过视图操作数据实质就是对基本表操作数据。但是通过视图对基本表中的数据进行更新（插入数据、修改数据、删除数据）是有一定限制的。

（3）任何更新（包括 INSERT、UPDATE和 DELETE 语句）都只能引用一个基本表的列，视图来自多个基本表时，不允许添加和删除数据；通过视图修改的列必须直接引用基本表列中的基础数据，即该列不能是通过其他方式派生得到的，如通过聚合函数（AVG、COUNT、SUM、MIN、MAX）得到，通过表达式并使用列计算出其他列得到等；被修改的列不受 GROUP BY、HAVING 或 DISTINCT 子句的影响。

（4）在符合要求的情况下通过视图更新基本表数据语句的语法格式完全等同于直接对基本表进行数据更新的语句。具体为：

添加数据：

```
insert into 视图名(列名列表)
values(值列表);
```

修改数据：

```
update 视图名
set 列名=值[,…]
[where 条件];
```

删除数据：

```
delete from 视图名
[where 条件];
```

任务实现

（一）操作条件

（1）supermarket数据库以及数据库内的七个数据表都已经创建好，并且每个数据表中都有完整的数据。

（2）任务需要使用的视图已经创建好。

108

（二）安全及注意事项

注意任务提出的通过视图修改基本表数据的要求，以及相关视图创建时用到的基本表状况。

（三）操作过程

1. 添加数据

通过视图view_jsprovide添加一条新的数据，各列的值分别为：G202112602，海心食品有限公司，江苏省南通市江岳路8号，05138234543*。

结合基础知识的内容，可以得到如下语句：

```
insert into view_jsprovide(provideid,providename,provideaddress,providephone)
values( 'G202112602','海心食品有限公司','江苏省南通市江岳路8号', '05138234543*');
```

或：

```
insert into view_jsprovide
values( 'G202112602','海心食品有限公司','江苏省南通市江岳路8号','05138234543*');
```

通过视图成功添加数据后，可通过查询语句查询视图和基本表查看已经添加的供应商信息，如图7-2-1所示。

```
mysql> select * from view_jsprovide;
+------------+------------------+----------------------------+--------------+
| provideid  | providename      | provideaddress             | providephone |
+------------+------------------+----------------------------+--------------+
| G200312102 | 朝阳食品有限公司  | 江苏省无锡市南长区          | 05108270378* |
| G200312104 | 松原食品有限公司  | 江苏省江阴市                | 05105167809* |
| G200312105 | 正鑫食品有限公司  | 江苏省无锡市北塘区          | 05108261345* |
| G200312301 | 宜兴紫砂厂        | 江苏省宜兴市                | 01385955445* |
| G200312302 | 康元食品有限公司  | 江苏省                      | 05101234543* |
| G202112602 | 海心食品有限公司  | 江苏省南通市江岳路8号       | 05138234543* |
+------------+------------------+----------------------------+--------------+
6 rows in set (0.00 sec)

mysql> select * from provide;
+------------+------------------+----------------------------+--------------+
| provideid  | providename      | provideaddress             | providephone |
+------------+------------------+----------------------------+--------------+
| G200312101 | 长春食品厂        | 吉林省长春市岭东路          | 04317845954* |
| G200312102 | 朝阳食品有限公司  | 江苏省无锡市南长区          | 05108270378* |
| G200312103 | 黑龙江食品厂      | 黑龙江省哈尔滨市            | 04514516547* |
| G200312104 | 松原食品有限公司  | 江苏省江阴市                | 05105167809* |
| G200312105 | 正鑫食品有限公司  | 江苏省无锡市北塘区          | 05108261345* |
| G200312201 | 兴隆纸品有限公司  | 上海市浦东                  | 02588992341* |
| G200312301 | 宜兴紫砂厂        | 江苏省宜兴市                | 01385955445* |
| G200312302 | 康元食品有限公司  | 江苏省                      | 05101234543* |
| G200312305 | 富胜贸易有限公司  | NULL                        | 07692307767* |
| G202105231 | 北京美时乐食品公司| NULL                        | 010-8666123* |
| G202112602 | 海心食品有限公司  | 江苏省南通市江岳路8号       | 05138234543* |
+------------+------------------+----------------------------+--------------+
11 rows in set (0.00 sec)
```

图 7-2-1 添加数据后查询视图 view_jsprovide 的查询结果（上）以及

查询基本表 provide 的查询结果（下）

2. 修改数据

对"view_jsprovide"视图进行修改，把编号为"G200312302"的供应商地址修改为"江苏省无锡市梁溪区"。

结合基础知识的内容，可以得到如下语句：

```
update view_jsprovide
set provideaddress='江苏省无锡市梁溪区'
where provideid='G200312302';
```

修改数据后，通过查询view_jsprovide，可以得到图7-2-2所示的查询结果。

```
mysql> select * from view_jsprovide;
+-----------+-------------------+-----------------------+--------------+
| provideid | providename       | provideaddress        | providephone |
+-----------+-------------------+-----------------------+--------------+
| G200312102| 朝阳食品有限公司  | 江苏省无锡市南长区    | 05108270378* |
| G200312104| 松原食品有限公司  | 江苏省江阴市          | 05105167809* |
| G200312105| 正鑫食品有限公司  | 江苏省无锡市北塘区    | 05108261345* |
| G200312301| 宜兴紫砂厂        | 江苏省宜兴市          | 01385955445* |
| G200312302| 康元食品有限公司  | 江苏省无锡市梁溪区    | 05101234543* |
+-----------+-------------------+-----------------------+--------------+
5 rows in set (0.00 sec)
```

图 7-2-2　修改数据后查询视图 view_jsprovide 的查询结果

对照图7-2-1和图7-2-2，可以看到图7-2-2中圆角矩形框里的供应商地址内容已经修改成功。

如果要通过视图view_dealing修改会员编号为"1002300011"的会员的消费总金额为30元。

通过查看视图view_dealing信息，可知此视图中的"消费总金额"列是通过聚合函数SUM()得到的，属于基础知识（3）中提及的派生列，则该修改数据操作无法进行，具体情况如图7-2-3所示。

```
mysql> update  view_dealing set 消费总金额=30
    -> where 会员编号='1002300011';
ERROR 1288 (HY000): The target table view_dealing of the UPDATE is not updatable
```

图 7-2-3　通过视图修改数据时遇到派生列无法完成

3. 删除数据

通过视图view_jsprovide删除名为"海心食品有限公司"的供应商。

结合基础知识的内容，可以得到如下语句：

```
delete from view_jsprovide
where providename='海心食品有限公司';
```

通过视图删除数据后，查询视图view_jsprovide以及查询基本表provide都可以发现"海心食品有限公司"供应商已经找不到了，如图7-2-4所示。

```
mysql> select * from view_jsprovide;
+-----------+-------------------+-----------------------+--------------+
| provideid | providename       | provideaddress        | providephone |
+-----------+-------------------+-----------------------+--------------+
| G200312102| 朝阳食品有限公司  | 江苏省无锡市南长区    | 05108270378* |
| G200312104| 松原食品有限公司  | 江苏省江阴市          | 05105167809* |
| G200312105| 正鑫食品有限公司  | 江苏省无锡市北塘区    | 05108261345* |
| G200312301| 宜兴紫砂厂        | 江苏省宜兴市          | 01385955445* |
| G200312302| 康元食品有限公司  | 江苏省            | 05101234543* |
+-----------+-------------------+-----------------------+--------------+
5 rows in set (0.00 sec)
```

图　7-2-4

```
mysql> select * from provide;
+-----------+----------------------+--------------------------+---------------+
| provideid | providename          | provideaddress           | providephone  |
+-----------+----------------------+--------------------------+---------------+
| G200312101| 长春食品厂            | 吉林省长春市岭东路        | 0431784595*   |
| G200312102| 朝阳食品有限公司      | 江苏省无锡市南长区        | 0510827037*   |
| G200312103| 黑龙江食品厂          | 黑龙江省哈尔滨市          | 0451451654*   |
| G200312104| 松原食品有限公司      | 江苏省江阴市              | 0510516780*   |
| G200312105| 正鑫食品有限公司      | 江苏省无锡市北塘区        | 0510826134*   |
| G200312201| 兴隆纸品有限公司      | 上海市浦东                | 0258899234*   |
| G200312301| 宜兴紫砂厂            | 江苏省宜兴市              | 0138595544*   |
| G200312302| 康元食品有限公司      | 江苏省                    | 0510123454*   |
| G200312305| 富胜贸易有限公司      | NULL                     | 0769230776*   |
| G202105231| 北京美时乐食品有限公司 | NULL                    | 010-8666123*  |
+-----------+----------------------+--------------------------+---------------+
10 rows in set (0.00 sec)
```

图 7-2-4 删除数据后查询视图 view_jsprovide 的查询结果（上）以及查询基本表 provide 的查询结果（下）

问题思考：通过视图添加数据报错是什么情况？

先查看这个视图是否是来自多个基本表，这种情况是不允许添加或删除数据的，再仔细检查语句本身有没有语法错误等。

学习结果评价

序 号	评价内容	评价标准	评价结果（是/否）
1	知识与技能	能够按照要求正确判断是否可以通过视图修改数据	□是 □否
		能正确使用 INSERT 语句通过视图添加数据	□是 □否
		能正确使用 UPDATE 语句通过视图修改数据	□是 □否
		能正确使用 DELETE 语句通过视图删除数据	□是 □否
2	职业规范	输入命令是否注意大小写	□是 □否
		是否在通过视图修改基本表中数据时认真观察视图关联的基本表个数和需要修改数据的字段性质	□是 □否
3	总评	"是"与"否"在本次评价中所占百分比	"是"占 % "否"占 %

课后作业

1. 通过"view_student_info"视图添加女学员数据，内容为：14，吕欣欣，女，05139123532*，南通市区，学生证，123654，20210301，正常，NULL。

2. 通过"view_student_info"视图修改数据，要求把学员编号为14的学员姓名改为"李欣"。

3. 通过"view_course_selection"视图修改数据，把课程编号为1的课程名称改为"C语言程序设计"。

4. 通过"view_student_info"视图删除数据，要求把学员编号为14的学员删除。

工作任务 8

实施数据库的数据完整性

学习目标

（1）能熟练使用主键约束、唯一约束以及自动增值约束实施数据库的实体完整性。

（2）能熟练使用非空约束、默认值约束实施数据库的域完整性。

（3）能熟练使用外键约束实施数据库的参照完整性。

最终目标

能熟练使用合适的约束实施数据库的数据完整性。

任务 8-1　使用约束保证数据表内的行唯一

任务描述

能够按照要求给表设置主键约束、唯一约束或自动增值约束，以保证表内的行唯一。

基础知识

（1）数据完整性。数据完整性是指数据库中数据的正确性和一致性，即数据的值必须是正确的，并在规定的范围内；数据的存在必须确保同一表格数据之间及不同表格数据之间一致。

数据完整性主要包括实体完整性、参照完整性、域完整性和用户自定义完整性。

（2）实体完整性。实体完整性体现在实体的唯一性。即：

① 一个关系通常对应现实世界的一个实体集。

② 现实世界中实体是可区分的，也就是说它们有唯一标识。

③ 关系模型中，用主键作为唯一标识。

④ 主键不能为空，如果主键为空，则说明存在某个不可标识的实体，这就与唯一性标识相矛盾。

⑤ 在关系模型中，实体完整性通常可通过设置主键约束（PRIMARY KEY，PK）和唯一约束（UNIQUE，UK）来实施。

（3）主键又称主码，是表中一列或多列的组合。主键约束要求主键列的数据唯一且不允许为空。主键能够唯一标识表的一条记录，分为单字段主键和多字段联合主键两种。

（4）单字段主键仅由一个字段组成。在创建主键约束时可以在定义字段的同时指定主键，语法规则为：

字段名　数据类型　PRIMARY KEY [默认值]

在定义完所有字段后指定主键，语法规则为：

[CONSTRAINT 约束名] PRIMARY KEY(字段名)

（5）多字段联合主键是由多个字段联合组成，只能使用定义完所有字段后指定的规则。

（6）唯一约束要求该列唯一，允许为空，但只能出现一个空值。唯一约束可以确保一列或者几列不出现重复值。语法规则与主键约束一致。

（7）一个表有且只能有一个主键约束，但可以有多个唯一约束。

（8）MySQL扩展增加了自动增值约束（AUTO_INCREMENT）用来约束字段的值为自动增加。默认AUTO_INCREMENT的初始值是1，每新增一条记录，字段值自动加1。一个表只能有一个字段使用AUTO_INCREMENT约束，且该字段必须为主键一部分。AUTO_INCREMENT约束的字段可以是任何整数类型，其语法规则：

字段名　数据类型　AUTO_INCREMENT

（9）删除主键约束使用ALTER TABLE命令，具体格式如下：

alter table 表名 drop primary key;

（10）删除唯一约束同样使用ALTER TABLE命令，但是删除唯一约束的实质是删除其对应的索引键，具体语句格式为：

alter table 表名 drop key|index 索引名;

任务实现

（一）操作条件

supermarket数据库以及数据库内的七个数据表都已经创建好，并且每个数据表中都有完整的数据。

（二）安全及注意事项

注意表中已经存在的数据是否有重复现象，如果有重复进行修正。

（三）操作过程

1. 使用主键约束保证表内的行唯一

在商品信息表（merchinfo）中的商品编号（merchid）字段上设置主键约束，以保证表内商品的唯一性。

视频

主键约束、唯一约束、自动增值约束

分析：商品名称可能会有重复，但是商品编号不能相同，这样就可以区分同名但不同供应商或是不同批次的商品。因商品信息表已经存在，需要通过修改表的结构来添加主键约束，具体语句为：

```
alter table merchinfo add primary key(merchid);
```

语句执行后得到图8-1-1所示的结果，表示主键约束设置成功。

```
mysql> alter table merchinfo add primary key(merchid);
Query OK, 0 rows affected (1.67 sec)
Records: 0  Duplicates: 0  Warnings: 0
```

图 8-1-1 通过 ALTER TABLE 命令修改表结构时添加主键约束

如果要创建一个新商品信息表newmerchinfo，主要字段有商品编号（merchid）、商品名称（merchname）、商品价格（merchprice）和供应商编号（provideid），数据类型分别为：10位字符型、50位可变长字符型、单精度实型和10位字符型。所有字段都不能为空，其中商品编号设置主键约束。则创建新商品信息表的语句为：

```
create table newmerchinfo(
merchid char(10) primary key,
merchname varchar(50) not null,
merchprice float not null,
provideid char(10) not null);
```

或

```
create table newmerchinfo(
merchid char(10),
merchname varchar(50) not null,
merchprice float not null,
provideid char(10) notnull,
constraint pk_id primary key(merchid));
```

语句执行后查看新商品信息表的基本结构时可以看到已经在merchid字段上设置了主键约束，如图8-1-2所示。

```
mysql> desc newmerchinfo;
+-----------+-------------+------+-----+---------+-------+
| Field     | Type        | Null | Key | Default | Extra |
+-----------+-------------+------+-----+---------+-------+
| merchid   | char(10)    | NO   | PRI | NULL    |       |
| merchname | varchar(50) | NO   |     | NULL    |       |
| merchprice| float       | NO   |     | NULL    |       |
| provideid | char(10)    | NO   |     | NULL    |       |
+-----------+-------------+------+-----+---------+-------+
4 rows in set (0.00 sec)
```

图 8-1-2 通过 CREATE TABLE 命令在建表的同时设置主键约束

前面操作都是在单个字段上设置主键约束，如果需要在多个字段上设置主键约束，在创建表的同时设置主键约束需要在定义完所有字段后指定主键；修改表结构时设置多字段联合主键约束与设置单字段主键约束相似，不再赘述。

例如，在已经存在的sale表的saleid和merchid两个字段上设置联合主键约束，语句为：

```
alter table sale add primary key(saleid,merchid);
```

如果需要新创建一个newsale表，有三个字段，分别为userid char(10)、merchid char(10)、saleprice float，全部字段都不能为空，并在userid和merchid两个字段上设置联合主键，则创建表的语句为：

```
create table newsale(
userid char(10) not null,
merchid char(10) not null,
saleprice float not null,
primary key(userid,merchid));
```

2. 使用唯一约束区分表内不同行

在用户信息表（users）的用户姓名（username）字段上设置唯一约束。

分析：虽然之前可以在用户编号（userid）上设置主键约束保证用户不重复，但是人们更喜欢使用姓名来区分用户，为此，可在用户姓名（username）字段上设置唯一约束。

结合基础知识和分析内容，可以得到如下语句：

```
alter table users
add unique (username);
```

语句执行后可得到图8-1-3所示的运行结果。

```
mysql> alter table users
    -> add unique (username);
Query OK, 8 rows affected (1.66 sec)
Records: 8  Duplicates: 0  Warnings: 0
```

图8-1-3 使用 ALTER TABLE 命令在现有表上添加单列唯一约束

与主键约束设置格式相同，也可以使用CREATE TABLE命令在建表的同时设置唯一约束，唯一约束也可以在单个字段上设置，也可以在多个字段上设置联合唯一约束。

3. 使用自动增值约束在建表时辅助设置主键约束的整型字段自动增值

将销售信息表（sale）中的销售编号（saleid）设置自动增值约束。

因sale已经存在，所以想要设置自动增值约束，只能修改sale表中的saleid字段属性，使用如下语句：

```
alter table sale modify saleid int(11)  auto_increment;
```

如果新建一个数据表t1，有三个字段，分别为id int、name varchar(10)、memo text，要求id字段设置自动增值约束。要设置自动增值约束，id字段必须是主键约束或是主键约束的一部分，此处，设置id字段为主键约束，则建表语句为：

```
create table t1(id int auto_increment,
name varchar(10),memo text,
primary key(id));
```

或：

```
create table t1(id int primary key auto_increment,
name varchar(10),memo text);
```

建表后查看表结构，可以看到如图8-1-4所示的t1表基本结构。

```
mysql> desc t1;
+--------+-------------+------+-----+---------+----------------+
| Field  | Type        | Null | Key | Default | Extra          |
+--------+-------------+------+-----+---------+----------------+
| id     | int(11)     | NO   | PRI | NULL    | auto_increment |
| name   | varchar(10) | YES  |     | NULL    |                |
| memo   | text        | YES  |     | NULL    |                |
+--------+-------------+------+-----+---------+----------------+
3 rows in set (0.00 sec)
```

图 8-1-4　查看新建表 t1 的基本结构

从图8-1-4中框起部分可以看到，在建表语句中设置的主键约束和自动增值约束都设置成功。

问题思考一： 创建表时想要设置自动增值约束，语句执行时报错：ERROR 1075 (42000): Incorrect table definition; there can be only one auto column and it must be defined as a key，如何解决？

这个报错表示设置自动增值约束的字段不是主键的一部分或是主键本身，需要设置该字段为主键或主键的一部分。

问题思考二： 查看表基本结构时，看到有两个字段都标有PRI，是表示表中有两个主键约束吗？

不是，这种情况表示表中的主键是联合主键，是由标有PRI的两个字段组成的联合主键。

学习结果评价

序号	评价内容	评价标准	评价结果（是/否）
1	知识与技能	正确使用 CREATE TABLE 按要求设置主键约束、唯一约束和自动增值约束	□是 □否
		正确使用 ALTER TABLE 按要求设置主键约束、唯一约束和自动增值约束	□是 □否
2	职业规范	输入命令是否注意大小写	□是 □否
		是否认真对照约束设置前后的字段值	□是 □否
3	总评	"是"与"否"在本次评价中所占百分比	"是"占　% "否"占　%

课后作业

1．将pxbgl数据库的学生信息表（student_info）中的学员编号（student_id）字段设置成主键约束。

2．将pxbgl数据库的学生信息表（student_info）中的学员姓名（student_name）字段设置成唯一约束。

3．将pxbgl数据库的选课信息表（course_selection）中的学员编号（student_id）和课程编号（course_id）两个字段设置为联合主键约束。

4．将pxbgl数据库的请假信息表（sleave）中的编号（id）字段设置为主键约束，并自动增值。

5．在pxbgl数据库中新建一个上海学员信息表（sh_student），字段分别为：sno int，sname varchar(10)，age int，gender char(1)，所有字段都不能为空，其中sno设置为自动增值，主键约束，sname设置为唯一约束。

任务 8-2 使用约束检查域完整性

任务描述

能根据要求给表设置非空约束和默认值约束以检查域完整性。

基础知识

（1）当数据表中某个字段的值不希望设置为空（NULL）时，则使用非空约束（NOT NULL，NK）进行设置，以此保证所有记录中该字段都有值。

（2）非空约束设置非常简单，在创建表时或修改表结构时，将NOT NULL放置在字段属性后面，语法规则为：

```
字段名 数据类型 NOT NULL
```

（3）当为数据表插入一条记录时，如果没有为某个字段赋值，想让数据库系统自动为该字段插入默认值，此时需要为该字段设置默认值约束（DEFAULT）。

（4）默认值约束设置非常简单，在创建表时或修改表结构时，将DEFAULT约束放置在字段属性后面，语法规则为：

```
字段名 数据类型 DEFAULT 默认值
```

任务实现

（一）操作条件

supermarket数据库以及数据库内的七个数据表都已经创建好，并且每个数据表中都有

完整的数据。

（二）安全及注意事项

注意查看已经存在的表的基本结构，注意查看表中现有的数据是否正确。

（三）操作过程

1. 设置非空约束

在supermarket数据库的用户信息表（users）的用户类别（Userstyle）字段上设置非空约束。

分析：因为users表已经存在，所以要在users表的Userstyle字段上设置非空约束需要修改表结构，具体语句为：

```
alter table users modify  Userstyle  tinyint  not null;
```

语句执行后可以得到图8-2-1所示运行结果，表示users表的Userstyle字段上的非空约束设置成功。

```
mysql> alter table users modify  userstyle tinyint  not null;
Query OK, 8 rows affected (0.34 sec)
Records: 8  Duplicates: 0  Warnings: 0
```

图 8-2-1　使用 ALTER TABLE 命令设置非空约束成功

通过查看users表的基本结构，也可以看到Userstyle字段上设置的非空约束已经实施，可以参看图8-2-2的上、下图的对比。

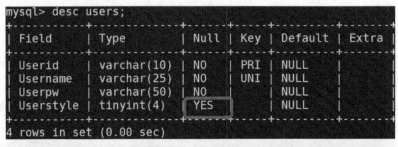

图 8-2-2　Userstyle 字段设置非空约束前后对比图（上图允许为空，下图设置非空约束）

2. 设置默认值约束

在供应商信息表（provide）的供应商地址列（provideaddress）设置默认值约束，默认值为"江苏省"。

118

分析：provide表是已经创建好的，要在现有表的指定列上设置默认值约束需要修改表结构，结合基础知识，可以得到如下语句：

```
alter table provide modify provideaddress varchar(250) default '江苏省';
```

语句执行后得到图8-2-3所示运行结果，表示默认值约束成功设置。

```
mysql> alter table provide modify provideaddress varchar(250) default '江苏省';
Query OK, 0 rows affected (0.82 sec)
Records: 0  Duplicates: 0  Warnings: 0
```

图 8-2-3　使用 ALTER TABLE 命令设置默认值约束成功

设置默认值约束后，可以使用如下语句验证默认值约束的实施效果，如图8-2-4所示。

```
insert into provide(provideid,providename,providephone)
values('G202112011','新的供应商','05108310245*');
```

| G202112011 | 新的供应商 | 江苏省 | 051083102454 |

图 8-2-4　默认值约束使得新添加的供应商地址无须设置也会显示"江苏省"

3. 创建 newtable 表

创建一个名为newtable的表，包含字段tno int、tname varchar(20)，要求表中的tno字段不能为空，tname字段的默认值为"gong"。

结合基础知识，得到如下建表语句：

```
create table newtable(
tno int not null,
tname varchar(20) default 'gong');
```

语句执行后得到图8-2-5所示的newtable表结构。

```
mysql> desc newtable;
+-------+-------------+------+-----+---------+-------+
| Field | Type        | Null | Key | Default | Extra |
+-------+-------------+------+-----+---------+-------+
| tno   | int(11)     | NO   |     | NULL    |       |
| tname | varchar(20) | YES  |     | gong    |       |
+-------+-------------+------+-----+---------+-------+
2 rows in set (0.00 sec)
```

图 8-2-5　使用 CREATE TABLE 命令设置非空约束和默认值约束

问题思考一： 字段设置默认值约束后，还可以给该字段设置其他值吗？

可以的，设置默认值约束只表示在添加记录时如果没有给该字段设置值，则自动设置为默认值，如果给该字段设置了新值，那就使用设置的新值。

问题思考二： 字段设置非空约束，语句格式正确，但还是报错，如图8-2-6所示，这是什么情况？

学习笔记

```
mysql> alter table course_info modify memo text not null;
ERROR 1265 (01000): Data truncated for column 'memo' at row 1
```
图 8-2-6　字段设置非空约束报错

　　这种情况表示修改该表结构时，表中已经存在数据，但是报错的那个字段原本是允许为空的，而现有的数据中那个字段是空。如果想让格式正确地设置非空约束的语句能够执行，可将现有数据中那个字段设置具体值后再执行该语句。

学习结果评价

序　号	评价内容	评价标准	评价结果（是／否）
1	知识与技能	正确使用 CREATE TABLE 按要求设置非空约束和默认值约束	□是 □否
		正确使用 ALTER TABLE 按要求设置非空约束和默认值约束	□是 □否
2	职业规范	输入命令是否注意大小写	□是 □否
		是否认真对照约束设置前后的字段值	□是 □否
3	总评	"是"与"否"在本次评价中所占百分比	"是"占　% "否"占　%

课后作业

　　1．将pxbgl数据库的course_info表的memo字段设置非空约束。

　　2．将pxbgl数据库的course_info表的memo字段的数据类型修改为100位可变长字符型，并设置默认值约束，默认值为"必修"。

　　3．创建新表newcourse，具体字段为cno int、cname varchar(50)、perior int，要求表中cno字段不能为空，perior字段设置默认值约束，默认值为64。

任务 8-3　使用约束检查参照完整性

任务描述

　　能根据要求给表设置外键约束以检查参照完整性，确保表与表之间相关数据保持一致。

基础知识

　　（1）参照完整性主要是确保相关的不同表格数据之间一致，使用外键约束（FOREIGN KEY，FK）构建两个表的两个字段之间的参照关系，实施参照完整性。

　　（2）设置外键约束的两个表之间会具有父子关系，即子表中某个字段的取值范围由父表所决定。

　　（3）设置外键约束时，设置外键约束的字段必须依赖于数据库中已经存在的父表的主

120

键，但是作为外键，可以为空（NULL）。

（4）设置外键约束的语法规则为：

```
[CONSTRAINT 约束名] FOREIGN KEY(字段名1) REFERENCES 表名(字段名2)
```

（5）设置外键约束时如果需要设置父表与子表之间数据更新和删除也要保持一致，即设置外键约束同时实现级联更新和级联删除功能，则需要在设置外键约束语句后添加ON UPDATE CASECADE关键字表示级联更新，添加ON DELETE CASCADE关键字表示级联删除。

（6）删除外键约束要使用ALTER TABLE命令，具体语句格式如下：

```
alter table 表名 drop foreign key 外键约束名;
```

在此基础上，还需要删除外键约束产生的索引键，索引名称与外键约束的名称相同，语句格式如下：

```
alter table 表名 drop key|index 索引名;
```

任务实现

（一）操作条件
supermarket数据库以及数据库内的七个数据表都已经创建好，并且每个数据表中都有完整的数据。

（二）安全及注意事项
注意查看已经存在的表的基本结构，注意查看相关表中现有的数据是否一致。

（三）操作过程
（1）在销售表（sale）中的商品编号（merchid）字段上设置外键约束，参照商品信息表（merchinfo）的商品编号（merchid），以保证销售的商品是商品信息表中存在的商品。

分析：只有商品信息表中存在的商品才能够进行销售，所以销售表中销售的商品的编号一定是商品信息表中存在的。结合基础知识可知，sale表是子表，要设置外键约束，merchinfo表是父表，是要参照的表，于是，可以得到如下设置外键约束的语句：

```
alter table sale
add constraint fk_id foreign key(merchid)
references merchinfo(merchid);
```

视频
外键约束

如果在设置外键约束前的现有数据有不一致的情况，就会报错，如图8-3-1所示，如果sale表和merchinfo表的数据一致，就会设置成功，如图8-3-2所示。

```
mysql> alter table sale add constraint fk_id foreign key(merchid) references merchinfo(merchid);
ERROR 1452 (23000): Cannot add or update a child row: a foreign key constraint fails (`supermarket`.`#sql-609_19`, CONSTRAINT `fk_id` FOREIGN KEY (`Merchid`) REFERENCES `merchinfo` (`Merchid`))
```

图 8-3-1 设置外键约束前存在数据不一致，设置外键约束报错

```
mysql> alter table sale add constraint fk_id foreign key(merchid) references merchinfo(merchid);
Query OK, 17 rows affected (0.14 sec)
Records: 17 Duplicates: 0 Warnings: 0
```

图 8-3-2 使用 ALTER TABLE 命令成功设置外键约束

（2）将上一任务中设置的外键约束fk_id删除。并重新设置外键约束fk_id，设置字段与参照表和之前一致，在此基础上再要求如果在商品信息表（merchinfo）中删除某种商品，如果销售表（sale）中有销售该商品的记录，则同时删除相应销售该商品的记录。操作步骤如下：

① 删除外键约束fk_id。语句为：

```
alter table sale drop foreign key  fk_id;
```

删除外键约束后，还需要删除设置外键约束产生的索引键，名称与外键约束名称相同，语句为：

```
alter table sale drop key fk_id;
```

② 重建外键约束，并要求设置级联效应。此时需要使用ON DELETE CASCADE关键字，将其放置在外键约束后面，具体语句如下：

```
alter table sale
add constraint fk_id foreign key(merchid)
references merchinfo(merchid)
on delete cascade;
```

语句执行后，一旦删除商品信息表中的商品，销售信息表中相应商品的销售信息也会被相应删除，如图8-3-3和图8-3-4所示。

```
mysql> select * from merchinfo;
+------------+------------+------------+----------+---------+------------+---------+------------+
| Merchid    | Merchname  | merchprice | Spec     | Merchnum| Cautionnum | Plannum | Provideid  |
+------------+------------+------------+----------+---------+------------+---------+------------+
| S690180880 | 杏仁露      |        3.5 | 12斤/箱   |      50 |          2 |      50 | G200312103 |
| S69364B936 | 排骨礼盒    |       87.5 | 500克     |     100 |         20 |      30 | G200312103 |
| S700120101 | 提子饼干    |        7.8 | 200克     |      25 |          3 |      20 | G200312302 |
| S700120102 | 老面包      |          5 | 300克     |      30 |          5 |      50 | G200312302 |
| S700120103 | 抹茶西饼    |         20 | 300克     |      50 |          5 |      50 | G200312302 |
| S800312101 | QQ糖       |         12 | 10粒/袋   |     500 |         10 |     100 | G200312105 |
| S800313106 | 西红柿     |       22.4 | 30个/箱   |      50 |          5 |      20 | G200312105 |
| S800408101 | 方便面     |         29 | 20袋/箱   |      50 |          5 |      30 | G200312101 |
| S800408308 | 白糖       |          2 | 1斤/袋    |     100 |         10 |      50 | G200312102 |
| S800408309 | 胡萝卜     |        2.5 | 20斤/箱   |      20 |          1 |      15 | G200312103 |
+------------+------------+------------+----------+---------+------------+---------+------------+
10 rows in set (0.00 sec)

mysql> select * from merchinfo;
+------------+------------+------------+----------+---------+------------+---------+------------+
| Merchid    | Merchname  | merchprice | Spec     | Merchnum| Cautionnum | Plannum | Provideid  |
+------------+------------+------------+----------+---------+------------+---------+------------+
| S690180880 | 杏仁露      |        3.5 | 12斤/箱   |      50 |          2 |      50 | G200312103 |
| S700120101 | 提子饼干    |        7.8 | 200克     |      25 |          3 |      20 | G200312302 |
| S700120102 | 老面包      |          5 | 300克     |      30 |          5 |      50 | G200312302 |
| S700120103 | 抹茶西饼    |         20 | 300克     |      50 |          5 |      50 | G200312302 |
| S800312101 | QQ糖       |         12 | 10粒/袋   |     500 |         10 |     100 | G200312105 |
| S800313106 | 西红柿     |       22.4 | 30个/箱   |      50 |          5 |      20 | G200312105 |
| S800408101 | 方便面     |         29 | 20袋/箱   |      50 |          5 |      30 | G200312101 |
| S800408308 | 白糖       |          2 | 1斤/袋    |     100 |         10 |      50 | G200312102 |
| S800408309 | 胡萝卜     |        2.5 | 20斤/箱   |      20 |          1 |      15 | G200312103 |
+------------+------------+------------+----------+---------+------------+---------+------------+
9 rows in set (0.00 sec)
```

图 8-3-3　设置级联外键约束后删除父表 merchinfo 中的商品信息前后对照

（上图是删除前，下图是删除后）

```
mysql> select * from sale;
+--------+------------+---------------------+---------+-----------+------------+
| saleid | Merchid    | Saledate            | Salenum | Saleprice | userid     |
+--------+------------+---------------------+---------+-----------+------------+
|      1 | S800408101 | 2011-01-04 00:00:00 |       1 |        25 | 2011010330 |
|      2 | S800312101 | 2011-01-04 00:00:00 |       1 |        12 | 2011010330 |
|      3 | S800408308 | 2011-01-06 00:00:00 |       2 |         4 | 2011010331 |
|      4 | S693648936 | 2011-01-30 00:00:00 |       2 |       175 | 2011010332 |
|      5 | S800408101 | 2011-01-30 00:00:00 |       1 |        25 | 2011010332 |
|      6 | S693648936 | 2011-01-31 00:00:00 |       1 |      87.5 | 2011010333 |
|      7 | S693648936 | 2011-01-31 00:00:00 |       2 |       175 | 2011010330 |
|      8 | S693648936 | 2011-02-10 00:00:00 |       1 |      87.5 | 2011010331 |
|      9 | S800408308 | 2011-02-10 00:00:00 |       5 |        10 | 2011010331 |
|     10 | S693648936 | 2011-02-19 00:00:00 |       2 |       175 | 2011010333 |
|     11 | S800408101 | 2011-02-19 00:00:00 |       1 |        25 | 2011010333 |
|     12 | S693648936 | 2011-01-25 00:00:00 |       1 |      87.5 | 2011010330 |
|     13 | S693648936 | 2011-01-25 00:00:00 |       1 |      87.5 | 2011010330 |
|     14 | S800408101 | 2021-01-04 00:00:00 |       2 |        50 | 2011010330 |
|     15 | S800312101 | 2021-01-04 00:00:00 |       2 |        24 | 2011010330 |
|     16 | S800408308 | 2021-01-06 00:00:00 |       3 |         6 | 2011010331 |
|     17 | S693648936 | 2021-01-30 00:00:00 |       2 |       175 | 2011010332 |
+--------+------------+---------------------+---------+-----------+------------+
17 rows in set (0.01 sec)

mysql> select * from sale;
+--------+------------+---------------------+---------+-----------+------------+
| saleid | Merchid    | Saledate            | Salenum | Saleprice | userid     |
+--------+------------+---------------------+---------+-----------+------------+
|      1 | S800408101 | 2011-01-04 00:00:00 |       1 |        25 | 2011010330 |
|      2 | S800312101 | 2011-01-04 00:00:00 |       1 |        12 | 2011010330 |
|      3 | S800408308 | 2011-01-06 00:00:00 |       2 |         4 | 2011010331 |
|      5 | S800408101 | 2011-01-30 00:00:00 |       1 |        25 | 2011010332 |
|      9 | S800408308 | 2011-02-10 00:00:00 |       5 |        10 | 2011010331 |
|     11 | S800408101 | 2011-02-19 00:00:00 |       1 |        25 | 2011010333 |
|     14 | S800408101 | 2021-01-04 00:00:00 |       2 |        50 | 2011010330 |
|     15 | S800312101 | 2021-01-04 00:00:00 |       2 |        24 | 2011010330 |
|     16 | S800408308 | 2021-01-06 00:00:00 |       3 |         6 | 2011010331 |
+--------+------------+---------------------+---------+-----------+------------+
9 rows in set (0.00 sec)
```

图 8-3-4 设置级联外键约束后相应子表 sale 的销售信息删除前后对比（上图是删除前，下图是删除后）

（3）创建一个名为newsale的表，包含字段sno int、mno char(10)、salenum int，三个字段都不能为空，在mno字段上设置外键约束，参照merchinfo表的merchid字段。

结合基础知识，创建表的语句为：

```
create table newsale(sno int not null,
mno char(10) not null,
salenum int not null,
foreign key(mno) references merchinfo(merchid));
```

问题思考：设置外键约束语句格式正确，但是执行出错，如图8-3-5所示，是什么情况？

```
mysql> alter table course_selection add foreign key fk_cid(course_id) references course_info(course_id) on delete cascade;
ERROR 1215 (HY000): Cannot add foreign key constraint
```

图 8-3-5 设置外键约束报错

这种不能添加外键约束的情况主要是因为父表相关的字段没有设置主键约束或唯一约束。只要将父表相关字段设置好主键约束或唯一约束就可以正常设置外键约束了。

学习笔记

学习结果评价

序　号	评价内容	评价标准	评价结果（是 / 否）
1	知识与技能	正确使用 CREATE TABLE 按要求设置外键约束	□是 □否
		正确使用 ALTER TABLE 按要求设置外键约束	□是 □否
2	职业规范	输入命令是否注意大小写	□是 □否
		是否认真对照约束设置前后的参照完整性表象	□是 □否
3	总评	"是"与"否"在本次评价中所占百分比	"是"占　　% "否"占　　%

课后作业

1．在pxbgl数据库的course_selection表的student_id字段上设置外键约束，约束名称为fk_id，该字段参照的是student_info表中的student_id字段。

2．在pxbgl数据库的course_selection表的course_id字段上设置外键约束，约束名称为fk_cid，该字段参照的是course_info表中的course_id字段，并且要求该外键约束能够实现级联删除。

3．删除上述2个题目中创建的外键约束。

工作任务 ⑨

使用用户自定义函数

学习目标

1. 能理解和掌握系统变量、会话变量、局部变量的概念和使用方法；
2. 能熟练使用流程控制语句编程；
3. 能熟练使用常用的内置函数；
4. 能按要求正确创建和调用自定义函数；
5. 能按要求正确使用游标。

最终目标

能熟练使用数据库编程技术创建、调用自定义函数。

任务 9-1　认识用户自定义函数

任务描述

能够按照要求通过MySQL编程技术完成用户自定义函数的编写和调用。

基础知识

（一）常量

常量是指程序运行中值始终不变的量。根据常量值的数据类型可将常量分为字符串常量、数值常量、日期时间常量等。

（二）变量

在MySQL中变量分为两种：系统变量和用户变量，但在实际使用过程中，还会遇到如局部变量、会话变量等概念。所以MySQL变量常用的大体有以下4种：全局变量、会话变量、用户变量和局部变量。

1. 全局变量

全局变量和会话变量都是MySQL系统变量。当服务器启动时，会将所有全局变量初始化为默认值。在此基础上，可以通过命令或选项文件中指定的选项更改这些默认值。要想更改全局变量，必须具有SUPER权限。全局变量作用于server的整个生命周期，但是重启后所有设置的全局变量均失效。

（1）查看全局变量。有如下两种方式：

方式1：

```
select @@global.变量名;
```

方式2：

```
show global variables [like '匹配模式'|where 表达式];
```

如果查看所有全局变量可使用如下语句：

```
show global variables;
```

如果查看包含version的全局变量可使用如下语句：

```
show global variables like '%version%';
```

查询结果如图9-1-1所示。

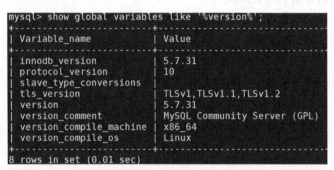

图 9-1-1　查询使用匹配模式指定名称的全局变量运行结果

（2）设置全局变量。有如下两种方式：

方式1：

```
set global 变量名 = 值;
```

方式2：

```
set @@global.变量名=值;
```

此处的global不能省略，SET命令设置变量时若不指定GLOBAL、SESSION或LOCAL，默认使用SESSION。

2．会话变量

会话变量基本是全局变量的复制，MySQL当前客户端绑定，只对当前使用的客户端有效。无论怎样修改，当连接断开后，一切都会还原，下次连接时又是一次新的开始。

会话变量的查看与设置与全局变量相同，只是关键字由全局变量的GLOBAL变为SESSION。

3．用户变量

用户变量就是用户自己定义的变量，也是在连接断开时失效，定义和使用相比会话变量来说简单许多。用户变量可以直接使用，无须用关键字declare进行定义。

使用SELECT命令查看用户变量，格式为：

```
select @变量名;
```

用户变量的设置有三种方式：

方式1：使用SET命令。格式如下：

```
set @变量名=值;
或: set @变量名:=值;
```

方式2：使用SELECT命令。格式如下：

```
select @变量名:=值 [from子句 where子句];
```

方式3：使用SELECT...INTO语句。格式如下：

```
select 字段名1,字段名2,…… from 表名或视图名
[where 子句] into @变量名1, @变量名2,…… ;
```

或：

```
select 字段名1,字段名2,……  into @变量名1, @变量名2,……
from 表名或视图名 [where 子句] ;
```

4. 局部变量

局部变量一般用在SQL语句块（BEGIN…END）中，其作用域仅限于该语句块，在该语句块执行完毕后，局部变量的生命周期结束。局部变量一般使用declare进行声明，可以使用default设置默认值。语句格式如下：

```
declare 变量名 数据类型 [default 默认值];
```

使用declare关键字定义局部变量，变量名和变量数据类型是必须要指定的，默认值可选。

可使用SET命令给局部变量赋值，格式如下：

```
set 变量名=值|表达式;
```

（三）常用系统函数

MySQL提供的函数，不需要定义，可以直接使用，又称系统函数。系统函数主要分为以下几类：数学函数、数据类型转换函数、字符串函数、日期和时间函数、加密函数、系统信息函数、JSON函数、其他常用函数等。

在MySQL中，函数不仅可以出现在SELECT语句及其子句中，还可以出现在UPDATE、DELETE语句中。用户经常用到的系统函数见表9-1-1至表9-1-5。

表9-1-1　常用数学函数

分　类	函数名称	说　　明
指数函数	SQRT(x)	求 x 的平方根
	POW(x,y) 或 POWER(x,y)	幂运算函数（计算 x 的 y 次方）
	EXP(x)	计算 e（自然对数的底约为 2.71828）的 x 次方

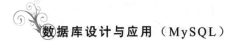 数据库设计与应用（MySQL）

学习笔记

续表

分　　类	函数名称	说　　明
求近似值函数	ROUND(x,[y])	计算离 x 最近的整数；若设置参数 y，与 FORMAT(x,y) 功能相同
	TRUNCATE(x,y)	返回小数点后保留 y 位的 x（舍弃多余小数位，不进行四舍五入）
	FORMAT(x,y)	返回小数点后保留 y 位的 x（进行四舍五入）
	CEIL(x) 或 CEILING(x)	返回大于或等于 x 的最小整数
	FLOOR(x)	返回小于或等于 x 的最大整数
其他函数	RAND()	默认返回 [0,1] 之间的随机数
	ABS(x)	获取 x 的绝对值
	MOD(x,y)	求模运算，与 x%y 的功能相同

表 9-1-2　常用数据类型转换函数

函数名称	说　　明
CONVERT(x,type)	以 type 类型返回 x
CONVERT(x USING 字符集)	以指定字符集返回 x 数据
CAST(x AS type)	以 type 类型返回 x

说明：

1. CONVERT()和CAST()函数的参数x可以是任何类型的表达式。

2. 参数type的可选值为BINARAY、CHAR、DATE、DATETIME、DECIMAL、JSON、SIGNED [INTEGER]、TIME 和UNSIGNED [INTEGER]。

表 9-1-3　常用字符串函数

函数名称	说　　明
CHAR_LENGTH()	获取字符串的长度
LENGTH()	获取字符串占用的字节数
REPEAT()	重复指定次数的字符串，并保存到一个新字符串中
SPACE()	重复指定次数的空格，并保存到一个新字符串中
UPPER()	将字符串全部转为大写字母，与 UCASE() 函数等价
LOWER()	将字符串全部转为小写字母，与 LCASE() 函数等价
STRCMP()	比较两个字符串的大小
REVERSE()	颠倒字符串的顺序
SUBSTRING()	从字符串的指定位置开始获取指定长度的字符串。与 MID() 函数等价
LEFT()	截取并返回字符串的左侧指定个字符
RIGHT()	截取并返回字符串的右侧指定个字符
LPAD()	按照限定长度从左到右截取字符串，当字符串的长度小于限定长度时在左侧填充指定的字符
RPAD()	按照限定长度从左到右截取字符串，当字符串的长度小于限定长度时在右侧填充指定的字符
INSTR()	返回子串在一个字符串中第一次出现的位置。与 LOCATE() 和 POSITION(…IN…) 函数等价，但参数顺序不同
FIND_IN_SET()	获取子串在含有英文逗号分隔的字符串中的开始位置
LTRIM()	删除字符串左侧的空格，并返回删除后的结果
RTRIM()	删除字符串右侧的空格，并返回删除后的结果
TRIM()	删除字符串左右两侧的空格，并返回删除后的结果
INSERT()	从字符串的指定位置开始使用子串替换指定长度的字符串

128

函数名称	说　明
REPLACE()	使用指定的子串替换字符串中出现的所有指定字符
CONCAT()	将参数连接成一个新字符串
CONCAT_WS()	使用指定分隔符将参数连接成一个新字符串

表 9-1-4　常用日期和时间函数

函数名称	描　述
CURDATE()	用于获取 MySQL 服务器当前日期，与 CURRENT_DATE() 等价
CURTIME()	用于获取 MySQL 服务器当前时间，与 CURRENT_TIME() 等价
NOW()	用于获取 MySQL 服务器当前日期和时间，与 LOCALTIME()、CURRENT_TIMESTAMP() 和 LOCALTIMESTAMP() 都等价
DATEDIFF()	判断两个日期之间的天数差距，参数日期必须使用字符串格式
DATE()	获取日期或日期时间表达式中的日期部分
TIME()	获取指定日期事件表达式中的时间部分
WEEK()	返回指定日期的周数
DAYNAME()	返回日期对应的星期名称（英文全称）
DAYOFMONTH()	返回指定日期中的天（1~31），与 DAY() 等价
DAYOFYEAR()	返回指定日期的天数
DAYOFWEEK()	返回日期对应的星期几（1= 周日，2= 周一，…，7= 周六）
FROM_UNIXTIME()	将指定的时间戳转成对应的日期时间格式
EXTRACT()	按照指定参数提取日期中的数据
DATE_SUB()	从日期中减去时间值（时间间隔）
DATE_ADD()	在指定的日期上添加日期时间

表 9-1-5　常用加密函数

函数名称	作　用
MD5()	使用 MD5 计算并返回一个 32 位的字符串
AES_ENCRYPT()	使用密钥对字符串进行加密，默认返回一个 128 位的二进制数
AES_DECRYPT()	使用密钥对密码进行解密
SHA1() 或 SHA()	利用安全散列算法 SHA-1 字符串，返回 40 个十六进制数字组成的字符串
SHA2()	利用安全散列算法 SHA-2 字符串
ENCODE()	使用密钥对字符串进行编码，默认返回一个二进制数
DECODE()	使用密钥对密码进行解码
PASSWORD()	计算并返回一个 41 位的密码字符串

（四）自定义函数

MySQL 中除了系统函数以外，还允许用户自定义函数。用户自定义函数，简称自定义函数，是由多条语句组成的语句块，每一条语句都使用结束符 "；"。MySQL 只要遇见语句结束符就会自动开始执行，但是在 MySQL 中，函数、存储过程等数据库编程对象只需要在被调用时才执行，所以在定义这些数据库编程对象时需要临时修改语句结束符。修改语句结束符的方法如下：

```
DELIMITER 新结束符
    ……
新结束符
```

使用DELIMITER修改语句结束符后，数据库编程对象内部就可以正常使用分号结束符，系统将不会自动执行数据库编程对象内部的SQL语句。在使用新结束符结束定义数据库对象后，还要使用DELIMITER关键字将语句结束符修改回";"，即：

```
DELIMITER ;
```

（1）创建自定义函数的语句格式：

```
CREATE FUNCTION 函数名([参数名 数据类型, …])
RETURNS 返回值类型
[BEGIN]
函数体
    RETURN 返回值;
[END]
```

① 函数名：符合语法规定，使用字母、数字或下画线。

② returns：用于指定函数返回值的类型。

（2）查看自定义函数的语句格式：

①查看函数的创建语句。

```
SHOW CREATE FUNCTION 函数名;
```

②查看函数状态

```
SHOW FUNCTION STATUS LIKE '函数名';
```

（3）调用自定义函数的语句格式：

```
SELECT 函数名1(实参列表), 函数名2(实参列表), …;
```

（4）删除自定义函数的语句格式：

```
DROP FUNCTION [IF EXISTS] 函数名;
```

任务实现

（一）操作条件

supermarket数据库以及数据库内的七个数据表都已经创建好，并且每个数据表中都有完整的数据。

（二）安全及注意事项

注意当前的语句结束符是什么，如果改变请按要求及时改回。

（三）操作过程

（1）根据创建自定义函数语句格式，创建一个简单自定义函数，函数名为sayHello，有一个参数name，30位可变长字符型，函数返回值类型是50位可变长字符型。

根据基础知识，结合之前学习的内容，可以得到如下语句：

```
delimiter  $$
create function sayHello(name varchar(30))
returns varchar(50)
   begin
        return concat('Hello',name);
   end $$
delimiter ;
```

上述语句执行后可得到图9-1-2所示运行结果，表示自定义函数sayHello创建成功。

```
mysql> delimiter  $$
mysql> create function sayHello(name varchar(30))
    -> returns varchar(50)
    ->  begin
    ->    return concat('Hello',name);
    -> end $$
Query OK, 0 rows affected (0.01 sec)
```

图 9-1-2　成功创建自定义函数 sayHello

（2）调用创建好的自定义函数sayHello。

根据基础知识可知，可以使用SELECT语句调用自定义函数sayHello，语句如下：

```
select sayHello('张三');
```

语句执行后可得到图9-1-3所示运行结果。

```
mysql> select sayHello('张三');
+--------------------+
| sayHello('张三')   |
+--------------------+
| Hello张三          |
+--------------------+
1 row in set (0.01 sec)
```

图 9-1-3　调用自定义函数 sayHello 运行结果

（3）查看自定义函数sayHello。

结合基础知识，先查看自定义函数创建信息，可以使用如下语句：

```
show create function sayHello \G
```

得到图9-1-4所示运行结果。

```
mysql> show create function sayHello \G
*************************** 1. row ***************************
        Function: sayHello
        sql_mode: ONLY_FULL_GROUP_BY,STRICT_TRANS_TABLES,NO_ZERO_IN_DATE,NO_ZERO_DATE,ERROR_FOR_DIVISION_BY_ZERO,NO_AUTO_CREATE_USER,NO_ENGINE_SUBSTITUTION
    Create Function: CREATE DEFINER=`root`@`%` FUNCTION `sayHello`(name varchar(30)) RETURNS varchar(50) CHARSET utf8
begin
   return concat('Hello',name);
end
character_set_client: utf8
collation_connection: utf8_general_ci
  Database Collation: utf8_general_ci
1 row in set (0.00 sec)
```

图 9-1-4　查看自定义函数 sayHello 的创建信息

然后，再查看自定义函数的状态，使用如下语句：

学习笔记

```
show function status like 'sayHello';
```

得到图9-1-5所示运行结果。

```
mysql> show function status like 'sayHello';
+-------------+----------+----------+--------+---------------------+---------------------+---------------+---------+-----------------
| Db          | Name     | Type     | Definer | Modified            | Created             | Security_type | Comment | character_set_cl
ient | collation_connection | Database Collation |
+-------------+----------+----------+--------+---------------------+---------------------+---------------+---------+-----------------
| supermarket | sayHello | FUNCTION | root@% | 2021-06-17 22:58:37 | 2021-06-17 22:58:37 | DEFINER       |         | utf8
     | utf8_general_ci      | utf8_general_ci    |
+-------------+----------+----------+--------+---------------------+---------------------+---------------+---------+-----------------
1 row in set (0.00 sec)
```

图 9-1-5　查看自定义函数 sayHello 的状态

（4）删除自定义函数sayHello。

根据基础知识中的语句格式，可使用如下语句删除自定义函数sayHello：

```
drop function sayHello;
```

语句执行后得到图9-1-6所示运行结果，表示自定义函数删除成功。

```
mysql> drop function sayHello;
Query OK, 0 rows affected (0.01 sec)
```

图 9-1-6　成功删除自定义函数 sayHello

问题思考：创建用户自定义函数后，发现使用"；"结束语句，无法正常执行语句，是什么情况？

创建自定义函数时，使用DELIMITER命令修改语句结束符后，在自定义函数创建结束后，要再使用DELIMITER命令将语句结束符修改回"；"，才能使语句正常执行。

学习结果评价

序　号	评价内容	评价标准	评价结果（是 / 否）
1	知识与技能	正确使用 DELIMITER 按要求设置语句结束符	□是 □否
		正确使用 CREATE FUNCTION 按要求创建自定义函数	□是 □否
		正确使用 SHOW 按要求查看自定义函数	□是 □否
		正确使用 DROP FUNCTION 按要求删除自定义函数	□是 □否
2	职业规范	输入命令是否注意大小写	□是 □否
		因创建自定义函数修改的语句结束符在完成创建自定义函数后是否重新修改回"；"	□是 □否
3	总评	"是"与"否"在本次评价中所占百分比	"是"占　　% "否"占　　%

课后作业

1．创建一个名为forSum的自定义函数，要求该函数有两个参数a和b，两个参数都是整型数据，函数返回值也是整型数据。

2．调用自定义函数forSum求35与45的和，并将函数调用结果赋值给用户变量@fun，然后查看变量@fun的值。

3. 查看自定义函数forSum的创建信息。

4. 删除自定义函数forSum。

学习笔记

任务 9-2　创建用户自定义函数

任务描述

能根据要求使用常量、变量、系统函数、流程控制语句等编程元素创建用户自定义函数。

基础知识

1. 语句块

语句块是将多个SQL语句"括"起来，相当于一个单一语句的一组语句。语法格式为：

```
begin
      语句1或语句块1
end
```

begin…end语句块可以嵌套，begin和end定义语句块时，必须成对出现。

2. 条件分支结构

① IF表达式：

```
IF(条件,表达式1,表达式2)
```

功能是如果条件为真，则返回表达式1的值，否则返回表达式2的值。因为是表达式，所以可以使用在任何可以放置表达式、变量、常量的地方，比如放在SELECT语句中。

② IF语句：

```
IF 条件1 THEN 语句1;
[ELSEIF 条件2 THEN 语句2;]
...
[ELSE 语句n;]
END IF;
```

功能是实现多分支选择，并且该语句只能用在begin...end语句块中。

③CASE表达式，有两种情况。具体格式分别如下：

格式1：

```
CASE 表达式
    WHEN 值1 THEN 结果1;
    WHEN 值2 THEN 结果2;
    ...
    ELSE 结果n;
END [CASE]
```

功能是先计算出CASE后表达式的值，然后和WHEN后的值进行比较，跟哪个值一样，就执行其后面的语句；如果都不同，则执行ELSE后的语句。

格式2：

```
CASE
    WHEN 条件1 THEN 结果1;
    WHEN 条件2 THEN 结果2;
    ...
    [ELSE 结果n;]
END [CASE]
```

功能是依次判断when后面的条件，若条件为true，则执行其后的结果或语句；如果条件都为false，则执行else后的结果或语句。

3. 循环结构

① while语句是先判断后执行循环体的循环语句，具体语法格式：

```
[标签:]
WHILE 循环条件 DO
    循环体;
END WHILE [标签];
```

功能是先判断循环条件，若为true，则执行循环体，执行完再判断条件，直到条件为false，则循环结束。

② loop语句是重复执行循环体，具体语法格式：

```
[标签:]
LOOP
    循环体;
END LOOP [标签];
```

但是LOOP本身没有包含中断循环的条件，通常都是和其他条件控制语句一起使用，可以使用LEAVE中断循环语句，具体语法格式：

```
LEAVE 标签;
```

③ REPEAT语句是先执行循环体再判断条件，若条件为true，继续执行循环体；若条件为false，则循环结束。该语句至少执行一次循环体，具体语句格式：

```
[标签:]
REPEAT
    循环体;
    UNTIL 结束循环的条件
END REPEAT [标签];
```

任务实现

（一）操作条件

supermarket数据库以及数据库内的七个数据表都已经创建好，并且每个数据表中都有

完整的数据。

（二）安全及注意事项

注意当前的语句结束符是什么，如果改变请按要求及时改回。

（三）操作过程

（1）在supermarket数据库中创建一个名为search的自定义函数，要求判断输入的商品名称在商品信息表（merchinfo）中是否能找到，如果找到就返回对应的商品编号，如果找不到，返回0000。

分析：任务要求输入的是商品名称，函数的返回值是商品编号或是"0000"，结合supermarket数据库的merchinfo表的结构，函数参数应该是50位可变长字符型，返回值应该是10位可变长字符型。则创建search函数的语句如下：

```
delimiter //
create function search(name varchar(50))
returns varchar(10)
 begin
   declare bh varchar(10);
   select merchid into bh from merchinfo  where merchname=name;
return if (bh is null,'0000',bh);
end;
//
```

可以得到图9-2-1所示的运行结果，表示search函数成功创建。

```
mysql> delimiter //
mysql> create function search(name varchar(50))
    -> returns varchar(10)
    ->  begin
    ->    declare bh varchar(10);
    ->    select merchid into bh from merchinfo  where merchname=name;
    -> return if (bh is null,'0000',bh);
    -> end;
    -> //
Query OK, 0 rows affected (0.00 sec)
```

图 9-2-1　创建 search 函数成功

为确保创建的search函数正确，可以通过调用search函数进行判断，例如使用如下语句：

```
select search('康师傅');
```

和：

```
select search('方便面');
```

分别执行调用search函数，可以得到图9-2-2左、右图所示的运行结果，从运行结果可以看到创建的search函数功能完全符合任务要求。

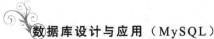
学习笔记

```
mysql> select search('康师傅')//          mysql> select search('方便面')//
+----------------------+                +----------------------+
| search('康师傅')      |               | search('方便面')       |
+----------------------+                +----------------------+
| 0000                 |                | S800408101           |
+----------------------+                +----------------------+
1 row in set (0.00 sec)                 1 row in set (0.00 sec)
```

图 9-2-2　调用 search 函数的运行结果（左图表示在商品信息表中没找到指定商品，右图表示找到）

（2）创建自定义函数title，要求该函数能通过查询用户信息表（users）的用户类型值（Userstyle）确定用户的职务，用户类型作为输入参数，整型数据，返回用户职务，20位可变长字符型数据。

根据任务要求，可得到如下语句：

```
delimiter //
create function title(type int)
returns varchar(20)
begin
declare tt varchar(20);
select distinct (case userstyle
when 1 then '普通员工'
when 2 then '经理'
else '填写错误'
end)  into tt
from users
where userstyle=type;
return if(tt is not null,tt,'填写错误');
end;
//
```

语句执行后得到图9-2-3所示的运行结果，表示函数成功创建。

```
mysql> delimiter //
mysql> create function title(type int)
    -> returns varchar(20)
    -> begin
    -> declare tt varchar(20);
    -> select distinct (case userstyle
    -> when 1 then '普通员工'
    -> when 2 then '经理'
    -> else '填写错误'
    -> end)  into tt
    -> from users
    -> where userstyle=type;
    -> return if(tt is not null,tt,'填写错误');
    -> end;
    -> //
Query OK, 0 rows affected (0.00 sec)
```

图 9-2-3　成功创建 title 函数

使用语句：

```
select title(1);
select title(4);
```

调用title函数，可得到图9-2-4所示的运行结果。

（3）删除创建的search函数和title函数。

结合基础知识，可使用如下语句删除两个函数：

```
drop function search;
drop function title;
```

图9-2-4　调用 title 函数

（4）在supermarket数据库中创建用户自定义函数amount，要求该函数能够返回指定会员（给出会员编号）在当前日期前的消费总额。

分析：根据任务要求可以知道会员编号是输入参数，返回值是消费总额，是浮点型数据，可以使用聚合函数求和得出。为此，可得到以下语句：

```
delimiter //
create function amount(bh varchar(10))
returns float
begin
 declare xfze float ;
 select sum(dealingprice) from dealing
where memberid=bh and dealingdate<curdate() into xfze ;
 return xfze ;
end //
delimiter ;
```

语句执行后可得到如图9-2-5所示的运行结果，表示amount函数已经成功创建。

```
mysql> create function amount(bh varchar(10))
    -> returns float
    -> begin
    ->  declare xfze float ;
    ->  select sum(dealingprice) from dealing
    -> where memberid=bh and dealingdate<curdate() into xfze ;
    ->  return xfze ;
    -> end //
Query OK, 0 rows affected (0.00 sec)
```

图 9-2-5　amount 函数创建成功

若想验证amount函数的功能是否符合要求，可以执行调用amount函数语句：

```
select amount('1002300018') ;
```

得到图9-2-6左图所示的运行结果，看到会员1002300018在当前日期前的消费总额为385元。这个消费总额是否正确，可以执行以下查询语句：

```
select sum(dealingprice) from dealing
where memberid='1002300018';
```

得到图9-2-6右图所示的运行结果，看到查询到的结果与调用函数所得结果相同。

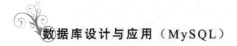

图9-2-6　左图为调用 amount 函数的运行结果，右图为相同条件的查询语句运行结果

（5）在supermarket数据库中，想通过供应商名称（providename）查询出该供应商供货的商品的品种数，要求创建用户自定义函数spzs实现该功能。

结合子查询的相关知识，可知要根据供应商名称查询到该供应商供货的商品品种数需要使用单值比较子查询作为父查询的条件。再结合自定义函数的知识，可以得到如下创建函数的语句：

```
delimiter $$
create function spzs(mc varchar(50))
returns int
begin
 declare zs int default 0;
 select count(merchid) into zs
 from merchinfo
 where provideid = (select provideid from provide
where providename = mc) ;
 return zs;
end $$
delimiter ;
```

图9-2-7显示出spzs函数成功创建。

```
mysql> create function spzs(mc varchar(50))
    -> returns int
    -> begin
    ->  declare zs int default 0;
    ->  select count(merchid) into zs
    ->  from merchinfo
    ->  where provideid = (select provideid from provide
    -> where providename = mc) ;
    ->  return zs;
    -> end $$
Query OK, 0 rows affected (0.14 sec)
```

图 9-2-7　spzs 函数成功创建

调用spzs函数的语句为：

```
select spzs('朝阳食品有限公司');
```

图9-2-8显示出"朝阳食品有限公司"提供了2种商品。

学习笔记

```
mysql> select spzs('朝阳食品有限公司');
+----------------------------------+
| spzs('朝阳食品有限公司')          |
+----------------------------------+
|                                2 |
+----------------------------------+
1 row in set (1.66 sec)
```

图 9-2-8 调用 spzs 函数得到"朝阳食品有限公司"供应的商品种数

（6）创建自定义函数func_sum()。函数功能：使用循环结构计算从1开始100以内整数的和。

基础知识中介绍了循环结构的三种语句，下面分别使用这三种语句实现任务要求的功能。

使用WHILE语句：

```
delimiter //
create function func_sum()
returns int
begin
  declare s int default 0;
  declare i int default 1;
  while i<=100 do
    set s=s+i;
    set i=i+1;
  end while ;
  return s;
end;
//
delimiter ;
```

使用LOOP语句：

```
delimiter //
create function func_sum()
returns int
begin
  declare i int default 1;
  declare sum int default 0;
  sign: loop
    set sum = sum + i;
    set i = i + 1;
    if i > 100
```

```
        then return sum;
        leave sign;
      end if;
  end loop sign;
end;
//
```

使用REPEAT语句：

```
delimiter //
create function func_sum()
returns int
begin
  declare i int default 1;
  declare sum int default 0;
  repeat
      set sum = sum + i;
      set i = i + 1;
      until i>100 end repeat;
    return sum;
end;
//
```

这三种循环语句都能够实现从1开始100以内整数的求和，调用函数语句为：

```
select func_sum();
```

执行后得到图9-2-9所示运行结果。

问题思考：调用含有WHILE循环结构的函数时死机，可能是什么情况？

WHILE循环是先判断条件，再执行循环体，如果在循环体内没有修改循环变量的语句，会出现循环条件始终满足而产生死循环的情况。

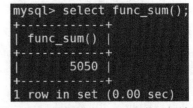

图 9-2-9 调用 func_sum 函数运行结果

学习结果评价

序　号	评价内容	评价标准	评价结果（是/否）
1	知识与技能	正确使用编程元素编程实现自定义函数功能	□是 □否
		正确使用条件分支结构实现自定义函数功能	□是 □否
		正确使用循环结构实现自定义函数功能	□是 □否
2	职业规范	输入命令是否注意大小写	□是 □否
		因创建自定义函数修改的语句结束符在完成创建自定义函数后是否重新修改回";"	□是 □否
3	总评	"是"与"否"在本次评价中所占百分比	"是"占　% "否"占　%

课后作业

1. 在pxbgl数据库中创建自定义函数arrea，要求该函数返回pay_info表中的欠费总额（arrearage字段求和），并调用该函数。

2. 在pxbgl数据库中创建自定义函数account，要求该函数能够根据学员姓名统计出该学员的选课门数，需要用到course_selection表。创建后调用函数返回"张林"选课的门数。

3. 在pxbgl数据库中创建一个统计学员培训天数的自定义函数pxDays，要求通过学员编号和学员姓名两项内容统计，返回学员培训天数。创建后调用函数返回11号"李小林"的培训天数。

4. 创建一个自定义函数mul，要求该函数返回5!。

任务 9-3　使用游标

任务描述

能根据要求使用编程元素和游标创建、调用用户自定义函数。

基础知识

1. 游标

游标又称光标，是用于标识使用SELECT语句从一个或多个基本表中选取出的一个结果集，类似于高级语言中的数据指针，移动指针可以取得指针所指的数据，通过移动游标也可以在结果集中提取某行数据，通过游标可反映基本表数据的变化，也可以通过游标修改基本表数据。

2. 游标的使用

用游标（CURSOR）可以选择一组记录，它可以在这组记录上滚动，可以检查游标所指的每一行数据，可以取出该行数据进行再处理。游标的使用需要先定义，再打开进行数据处理，具体步骤如下：

（1）声明游标（DECLARE）。游标必须先声明后使用，声明的主要内容有游标的名称、数据结果集的来源（即SELECT语句，包括结果集选取的条件）、游标的属性（两种属性：只读和可操作）。声明游标的语法格式具体如下：

```
DECLARE 游标名称  CURSOR
FOR SELECT 语句;
```

（2）打开游标（OPEN）。声明过后，通过OPEN语句打开游标，才可使用。OPEN语句格式如下：

```
OPEN    游标名称；
```

（3）读取游标（FETCH）。打开游标后，要想从结果集中检索单独的行，就要用到FETCH语句，格式如下：

```
FETCH [NEXT] [FROM]游标名称 INTO 变量名 [,…n]
```

其中，NEXT关键字说明读取数据的位置，可从英文字面的意思来理解；INTO子句是将游标中提取的数据存入局部变量，变量的个数及类型要与声明游标时的SELECT语句所选取的列一一对应。在MySQL游标（cursor）中，可以定义continue handler来操作一个越界标识，使用语法：declare continue handler for NOT FOUND statemet;（当没数据的时候要执行的语句）。

（4）关闭游标（CLOSE）。用CLOSE语句关闭游标，语法格式如下：

```
CLOSE  游标名称；
```

任务实现

（一）操作条件
supermarket数据库以及数据库内的七个数据表都已经创建好，并且每个数据表中都有完整的数据。

（二）安全及注意事项
注意查看已经存在的表的基本结构，注意表中数据是否有空数据。

（三）操作过程
（1）创建名为amount_cursor的自定义函数，要求不使用求和函数（sum()），实现该函数能够列出指定会员在当前日期前的消费总金额。

分析：这个任务就是要使用游标和循环将消费金额逐个累加，最后得到一个消费总金额。游标的定义、打开、获取数据以及关闭这几个环节都要用到，获取数据结合循环一起使用，具体语句如下：

视频

创建自定义函数实现功能

```
delimiter $$
create function amount_cursor (bh varchar(10))
returns float
begin
declare xfje float;
declare je float;
declare ergodic int default 1;
declare  price cursor
  for
select dealingprice from dealing
  where  memberid=bh and dealingdate<curdate();
  declare continue handler for NOT FOUND set ergodic:=0;
```

142

```
    set xfje:=0;
    set je:=0;
    open price;
    fetch next from price into je;
    repeat
      set xfje := xfje + je;
      fetch next from price into je;
      until ergodic=0 end repeat;
    return xfje;
close price;
end $$
delimiter ;
```

语句执行结果如图9-3-1所示，表示自定义函数amount_cursor创建成功。

图 9-3-1　成功创建使用游标的自定义函数 amount_cursor

调用自定义函数amount_cursor，查询会员"1002300018"的消费总金额，结果如图9-3-2所示，从图中可以看到，使用游标创建的自定义函数得到的结果与之前使用求和函数sum()创建的自定义函数得到的结果相同，可对比图9-2-6。

图 9-3-2　调用 amount_cursor 得到会员"1002300018"的消费总金额

（2）使用游标创建自定义函数func1，用来统计sale表中销售金额（saleprice）高于20的记录数。

根据任务要求，我们不能使用计数函数count()，需要使用游标和循环语句来逐条记录进行比较，销售金额高于20的就计数一次，依次类推，直到表中记录全部遍历。结合基础知识我们可以得到如下创建自定义函数的语句：

视频

使用游标创建
自定义函数

```
delimiter //
create function func1()
    returns int
    begin
     declare m int default 0;
     declare flag int default 1;
     declare p float;
     declare cc cursor for select saleprice from sale;
     declare continue handler for not found set flag=0;
     open cc;
     fetch next from cc into p;
     repeat
     if p>20 then
         set m=m+1;
     end if;
     fetch next from cc into p;
     until flag=0 end repeat;
     return m;
     close cc;
    end//
delimiter ;
```

语句执行后得到图9-3-3所示的运行结果，表示自定义函数func1成功创建。调用函数func1后的运行结果如图9-3-4所示。

```
mysql> create function func1()
    ->      returns int
    ->      begin
    ->       declare m int default 0;
    ->       declare flag int default 1;
    -> declare p float;
    -> declare cc cursor for select saleprice from sale;
    ->       declare continue handler for not found set flag=0;
    ->       open cc;
    ->       fetch next from cc into p;
    ->       repeat
    ->      if p>20 then
    ->        set m=m+1;
    ->      end if;
    ->       fetch next from cc into p;
    ->       until flag=0 end repeat;
    ->       return m;
    ->       close cc;
    ->       end//
Query OK, 0 rows affected (0.00 sec)
```

图9-3-3　成功创建自定义函数 func1

```
mysql> select * from sale//
+--------+------------+---------------------+---------+-----------+------------+
| saleid | Merchid    | Saledate            | Salenum | Saleprice | userid     |
+--------+------------+---------------------+---------+-----------+------------+
|      1 | S800408101 | 2011-01-04 00:00:00 |       1 |        25 | 2011010330 |
|      2 | S800312101 | 2011-01-04 00:00:00 |       1 |        12 | 2011010330 |
|      3 | S800408308 | 2011-01-06 00:00:00 |       2 |         4 | 2011010331 |
|      5 | S800408101 | 2011-01-30 00:00:00 |       1 |        25 | 2011010332 |
|      9 | S800408308 | 2011-02-10 00:00:00 |       5 |        10 | 2011010331 |
|     11 | S800408101 | 2011-02-19 00:00:00 |       1 |        25 | 2011010333 |
|     14 | S800408101 | 2021-01-04 00:00:00 |       2 |        50 | 2011010330 |
|     15 | S800312101 | 2021-01-04 00:00:00 |       2 |        24 | 2011010330 |
|     16 | S800408308 | 2021-01-06 00:00:00 |       3 |         6 | 2011010331 |
+--------+------------+---------------------+---------+-----------+------------+
9 rows in set (0.01 sec)
```

```
mysql> select func1();
+---------+
| func1() |
+---------+
|       5 |
+---------+
1 row in set (0.01 sec)
```

图 9-3-4　参照销售信息（上）的调用自定义函数 func1 的运行结果（下）

（3）创建一个名为func_provide的自定义函数，要求该函数可以根据输入的省份返回该省的供应商个数。

根据要求可知自定义函数的输入参数是字符型的，用来表示省份名称，返回值是表示供应商个数的整型数据。具体实施时仍然是使用游标和循环语句实现按照查询条件逐条记录遍历并计数。具体创建自定义函数的语句如下：

```
delimiter //
create function func_provide(n varchar(20))
returns int
begin
declare m int default 0;
declare flag int default 1;
declare pid varchar(10);
declare cur_addr cursor for select provideid from provide where
provideaddress like concat('%',n,'%');
declare continue handler for not found set flag=0;
open cur_addr;
fetch cur_addr into pid;
repeat
if pid <>'' then
    set m=m+1;
end if;
fetch cur_addr into pid;
until flag=0 end repeat;
```

```
return m;
close cur_addr;
end//
delimiter ;
```

语句执行后得到图9-3-5所示的运行结果，表示自定义函数创建成功，调用函数可得到图9-3-6所示的运行结果。

```
mysql> create function func_provide(n varchar(20))
    ->     returns int
    ->     begin
    -> declare m int default 0;
    -> declare flag int default 1;
    -> declare pid varchar(10);
    -> declare cur_addr cursor for select provideid from provide where provideaddress like concat('%',n,'%');
    -> declare continue handler for not found set flag=0;
    -> open cur_addr;
    -> fetch cur_addr into pid;
    -> repeat
    -> if pid <>'' then
    -> set m=m+1;
    -> end if;
    -> fetch cur_addr into pid;
    -> until flag=0 end repeat;
    -> return m;
    -> close cur_addr;
    ->     end//
Query OK, 0 rows affected (0.00 sec)
```

图 9-3-5　成功创建自定义函数 func_provide

```
mysql> select * from provide where provideaddress like '%江苏%';
    -> //
+------------+----------------+----------------------+--------------+
| provideid  | providename    | provideaddress       | providephone |
+------------+----------------+----------------------+--------------+
| G200312102 | 朝阳食品有限公司 | 江苏省无锡市南长区    | 05108270378* |
| G200312104 | 松原食品有限公司 | 江苏省江阴市          | 05105167809* |
| G200312105 | 正鑫食品有限公司 | 江苏省无锡市北塘区    | 05108261345* |
| G200312301 | 宜兴紫砂厂       | 江苏省宜兴市          | 01385955445* |
| G200312302 | 康元食品有限公司 | 江苏省无锡市梁溪区    | 05101234543* |
| G202112011 | 新的供应商       | 江苏省               | 05108310245* |
+------------+----------------+----------------------+--------------+
6 rows in set (0.00 sec)
```

```
mysql> select func_provide('江苏')//
+-------------------+
| func_provide('江苏') |
+-------------------+
|                 6 |
+-------------------+
1 row in set (0.00 sec)
```

图 9-3-6　对照查询结果（上）的调用 func_provide 函数的运行结果（下）

问题思考：使用游标时，fetch语句只放在循环体内，虽然设置了游标结束的标记，如：declare continue handler for NOT FOUND set ergodic:=0;但是会发现符合条件的最后一条数据会读取两次，怎么解决？

在进入循环前，先读取一次数据，然后开始循环，这样可以先判断读取的数据再循环，就不会出现重复读取最后一条记录的情况了。

学习结果评价

序 号	评价内容	评价标准	评价结果（是 / 否）
1	知识与技能	正确按步骤使用游标	□是 □否
		正确使用循环配合游标实现自定义函数功能	□是 □否
		正确使用 CREATE FUNCTION 创建自定义函数	□是 □否
2	职业规范	输入命令是否注意大小写	□是 □否
		因创建自定义函数修改的语句结束符在完成创建自定义函数后是否重新修改回 ";"	□是 □否
3	总评	"是"与"否"在本次评价中所占百分比	"是"占 % "否"占 %

课后作业

1. 使用游标创建自定义函数female，统计pxbgl数据库中女学员信息（student_info）的个数。调用female。

2. 在pxbgl数据库中创建自定义函数cnum，要求使用游标遍历的方式统计course_info表中学时数为64的课程的门数。调用cnum。

3. 在pxbgl数据库中创建自定义函数asum，要求使用游标结合循环计算pay_info表中的欠费（arrearage）总额。调用asum。

工作任务⑩

使用存储过程

学习目标

（1）能掌握存储过程基本概念和使用方法；

（2）能结合编程知识编写、执行复杂存储过程；

（3）能在存储过程中熟练使用变量、常量、控制语句、游标等编程元素。

最终目标

能熟练使用数据库编程技术创建、调用存储过程。

任务 10-1　认识存储过程

任务描述

能够按照要求通过MySQL编程技术完成存储过程的编写和调用测试。

基础知识

（1）存储过程是数据库中存储复杂程序，以便外部程序调用的一种数据库对象。是为了完成特定功能的SQL语句集，经编译创建并保存在数据库中，用户可通过指定存储过程的名字并给定参数（需要时）来调用执行。

（2）存储过程思想就是数据库 SQL 层面的代码封装与重用。

（3）存储过程可封装，可以回传值，并可以接受参数，与自定义函数不同，存储过程无法使用SELECT语句调用。

（4）存储过程就是具有名字的一段代码，用来完成一个特定的功能。创建的存储过程保存在数据库的数据字典中。

（5）创建存储过程的语法格式为：

```
CREATE PROCEDURE 存储过程名([IN |OUT |INOUT ] [参数名 数据类型, ...])
[LANGUAGE SQL]
|[NOT] [DETERMINISTIC]
```

```
|{ CONTAINS SQL | NO SQL | READS SQL DATA | MODIFIES SQL DATA }
|[SQL SECURITY DEFINER|INVOKER]
|[COMMENT '注释说明']
BEGIN
存储过程主体
END
```

格式说明：

①存储过程是可以没有参数的，但是如果有参数，会有三种情况，分别是：IN，输入参数，表示调用者向过程传入值（传入值可以是常量或变量）；OUT，输出参数，表示过程向调用者传出值（可以返回多个值）（传出值只能是变量）；INOUT，输入/输出参数，既表示调用者向过程传入值，又表示过程向调用者传出值（值只能是变量）。另外，无论存储过程是否包含参数，小括号不能少。

②在定义好语句结束符后，使用CREATE PROCEDURE+存储过程名的方法创建存储过程，LANGUAGE选项指定了使用的语言，这里默认使用SQL。

③DETERMINISTIC关键词的作用是，当确定每次的存储过程的输入和输出都是相同的内容时可使用该关键词，否则默认为NOT DETERMINISTIC。

④{CONTAINS SQL | NO SQL | READS SQL DATA | MODIFIES SQL DATA }，表示使用SQL语句的限制。如果值为CONTAINS SQL表示可以包含SQL语句，但不包含读或写数据的语句；NO SQL表示不包含SQL语句；READS SQL DATA表示包含读数据的语句；MODIFIES SQL DATA表示包含写数据的语句，默认值为CONSTAINS SQL。

⑤SQL SECURITY关键字表示调用时检查用户的权限。当值为INVOKER时，表示用户调用该存储过程时检查，默认为DEFINER，即创建存储过程时检查。

⑥COMMENT部分是存储过程的注释说明部分。

（6）调用存储过程的语法格式为：

```
CALL 存储过程名([参数,……]);
```

（7）删除存储过程的语法格式为：

```
DROP PROCEDURE [IF EXISTS] 存储过程名;
```

（8）查看存储过程。查看存储过程的详细创建信息使用：

```
SHOW CREATE PROCEDURE 存储过程名;
```

查看存储过程的状态使用：

```
SHOW PROCEDURE STATUS WHERE DB='存储过程所在的数据库名称';
SHOW PROCEDURE STATUS LIKE '存储过程名';
```

学习笔记

任务实现

（一）操作条件

supermarket数据库以及数据库内的七个数据表都已经创建好，并且每个数据表中都有完整的数据。

（二）安全及注意事项

注意当前的语句结束符是什么，如果改变请按要求及时改回。

（三）操作过程

（1）在supermarket数据库中创建一个名为simpledealing的简单存储过程，该存储过程要求查询交易信息表（dealing）返回每位会员的交易总金额。

分析：根据任务要求以及之前所学知识，要想求得每位会员的消费总金额可用如下查询语句：

```sql
select memberid as 会员编号,sum(dealingprice) as 消费总金额
from dealing group by memberid;
```

现在，将该查询语句定义为一个存储过程，SQL语句如下：

```sql
delimiter //
create procedure simpledealing()
begin
select memberid as 会员编号,sum(dealingprice) as 消费总金额
from dealing group by memberid;
end //
delimiter ;
```

执行上述语句得到图10-1-1所示的运行结果，表示存储过程simpledealing创建成功。

视频

创建存储过程

```
mysql> delimiter //
mysql> create procedure simpledealing()
    -> begin
    -> select memberid as 会员编号,sum(dealingprice) as 消费总金额
    -> from dealing group by memberid;
    -> end //
Query OK, 0 rows affected (0.00 sec)
```

图 10-1-1　成功创建存储过程 simpledealing

（2）调用创建好的存储过程simpledealing。

简单存储过程的调用只需要使用关键字CALL加上存储过程名，另外不能省略存储过程名后面的小括号。语句如下：

```sql
call simpledealing();
```

调用simpledealing存储过程可以得到图10-1-2所示的运行结果。

```
mysql> call simpledealing()//
+------------+-------------+
| 会员编号    | 消费总金额   |
+------------+-------------+
| 1002300011 |           4 |
| 1002300012 |         375 |
| 1002300013 |          87 |
| 1002300014 |        87.5 |
| 1002300018 |         385 |
+------------+-------------+
5 rows in set (0.00 sec)
```

图 10-1-2　调用存储过程 simpledealing 的运行结果

（3）查看创建的存储过程simpledealing的状态信息以及创建详细信息。

根据基础知识可知，要查看存储过程simpledealing的状态信息应使用如下语句：

```
show procedure status where db='supermarket';
```

得到图10-1-3所示的运行结果。

图 10-1-3　查看存储过程 simpledealing 的状态信息

查看创建存储过程simpledealing的详细信息，使用如下语句：

```
show create procedure simpledealing;
```

得到图10-1-4所示的运行结果。

图 10-1-4　查看创建存储过程 simpledealing 的详细信息

（4）删除存储过程simpledealing。

使用如下语句删除存储过程simpledealing：

```
drop procedure simpledealing;
```

语句执行后得到图10-1-5所示的运行结果，表示存储过程删除成功。

```
mysql> drop procedure simpledealing;
Query OK, 0 rows affected (0.00 sec)
```

图 10-1-5　成功删除存储过程 simpledealing

（5）在supermarket数据库中创建存储过程dispdealing，要求该存储过程能够根据指定的会员编号（memberid）显示该会员在当前日期前的消费信息。调用该存储过程查看"1002300018"的消费信息。

根据任务要求可知，dispdealing存储过程有输入参数（会员编号），根据创建存储过程的格式可得到如下语句：

```
delimiter //
create procedure dispdealing(IN bh varchar(10))
begin
select * from dealing
where memberid=bh and dealingdate<now();
end //
delimiter ;
```

调用带一个输入参数的存储过程的语句为：

```
call dispdealing('1002300018');
```

执行后，得到图10-1-6所示的运行结果。

```
mysql> delimiter ;
mysql> call dispdealing('1002300018');
+-----------+--------------+---------------------+------------+------------+
| dealingid | dealingprice | dealingdate         | memberid   | userid     |
+-----------+--------------+---------------------+------------+------------+
|         2 |         87.5 | 2011-01-25 00:00:00 | 1002300018 | 2011010330 |
|         7 |         97.5 | 2011-02-10 00:00:00 | 1002300018 | 2011010331 |
|         9 |          200 | 2011-02-19 00:00:00 | 1002300018 | 2011010333 |
+-----------+--------------+---------------------+------------+------------+
3 rows in set (0.00 sec)

Query OK, 0 rows affected (0.02 sec)
```

图 10-1-6　调用带输入参数的存储过程 dispdealing 的运行结果

（6）在supermarket数据库中创建一个带输出参数的存储过程cst_province，它可以统计供应商信息表（provide）中指定省份的供应商数量。调用该存储过程。

根据任务要求可知，该存储过程带一个输入参数用来指定省份，带一个输出参数用来接收统计结果。结合基础知识中创建存储过程的语法格式可得到如下语句：

```
delimiter //
create procedure cst_province(IN province varchar(10),OUT countout int)
begin
select count(provideid) into countout
```

```
from provide
where provideaddress like concat('%',province,'%');
select countout;
end //
delimiter ;
```

调用同时带输入参数和输出参数的存储过程的语句为：

```
call cst_province('江苏',@a);
```

其中@a是用户变量，用来表示存储过程的传出值，可以直接使用，不需要使用DECLARE声明。要想显示存储过程的传出值，还需要使用语句：

```
select @a;
```

调用存储过程以及显示存储过程的传出值的运行结果如图10-1-7所示。

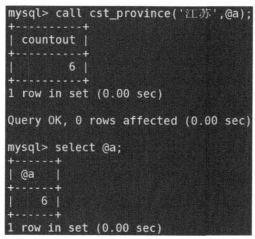

图 10-1-7　调用带输入参数和输出参数的存储过程 cst_province 的运行结果

学习结果评价

序　号	评价内容	评价标准	评价结果（是/否）
1	知识与技能	正确使用 DELIMITER 按要求设置语句结束符	□是 □否
		正确使用 CREATE PROCEDURE 按要求创建存储过程（简单，带参）	□是 □否
		正确使用 SHOW 按要求查看存储过程	□是 □否
		正确使用 DROP PROCEDURE 按要求删除存储过程	□是 □否
2	职业规范	输入命令是否注意人小写	□是 □否
		因创建存储过程修改的语句结束符在完成创建自定义函数后是否重新修改回 ";"	□是 □否
3	总评	"是"与"否"在本次评价中所占百分比	"是"占　% "否"占　%

课后作业

1．在pxbgl数据库中创建一个查询学员基本信息（student_info）的存储过程proc_jb并调用该存储过程。

2．在pxbgl数据库中创建一个查看学员请假次数的存储过程proc_qj，要求带输入参数表示学员编号。调用该存储过程查看1号学员的请假次数。

3．在pxbgl数据库中创建一个从pay_info表中根据学员编号查看其欠费的存储过程proc_qf，要求学员编号（student_id）为输入参数，欠费金额（arrearage）为输出参数。调用该存储过程查看1号学员的欠费金额。

任务 10-2　创建、使用存储过程

任务描述

能根据要求编写和使用存储过程。

基础知识

（1）修改存储过程。修改存储过程由ALTER语句完成，基本语法格式如下：

```
ALTER PROCEDURE 存储过程名 [特征...];
```

特征指定了存储过程的特性，以下是可能出现的取值：

①CONTAINS SQL 表示子程序包含 SQL 语句，但不包含读或写数据的语句。

②NO SQL 表示子程序中不包含 SQL 语句。

③READS SQL DATA 表示子程序中包含读数据的语句。

④MODIFIES SQL DATA 表示子程序中包含写数据的语句。

⑤SQL SECURITY { DEFINER |INVOKER } 指明谁有权限来执行。

⑥DEFINER 表示只有定义者自己才能够执行。

⑦INVOKER 表示调用者可以执行。

⑧COMMENT 'string' 表示注释信息。

（2）ALTER PROCEDURE语句只用于修改存储过程的某些特征。如果要修改存储过程的内容，需要先删除原存储过程，再以相同的命名创建新的存储过程，如果要修改存储过程的名称，可以先删除原存储过程，再以不同的命名创建新的存储过程。

任务实现

（一）操作条件

supermarket数据库以及数据库内的七个数据表都已经创建好，并且每个数据表中都有

完整的数据。

（二）安全及注意事项

注意当前的语句结束符是什么，如果改变请按要求及时改回。

（三）操作过程

（1）在数据库supermarket中，要求创建存储过程proc_provide完成如下功能：通过给出的供应商名称（providename）查询出该供应商提供的商品信息。

分析：从数据库表中的信息可知，商品信息表中只有供应商编号，而没有供应商名称，所以要得到供应商供货的商品信息要涉及供应商信息表（provide）和商品信息表（merchinfo）两张数据表，并且根据任务要求可知，要创建的存储过程有一个输入参数，不需要输出参数。

具体语句如下：

```
delimiter //
create procedure proc_provide(IN proname varchar(50))
begin
select * from merchinfo
where provideid=(
select provideid
from provide
where providename=proname);
end //
```

调用存储过程语句如下：

```
delimiter ;
call proc_provide('黑龙江食品厂');
```

存储过程proc_provide的创建及调用执行结果如图10-2-1所示。

```
mysql> delimiter //
mysql> create procedure proc_provide(IN proname varchar(50))
    -> begin
    -> select * from merchinfo
    -> where provideid=(
    -> select provideid
    -> from provide
    -> where providename=proname);
    -> end //
Query OK, 0 rows affected (0.00 sec)

mysql> delimiter ;
mysql> call proc_provide('黑龙江食品厂');
+------------+-----------+------------+---------+---------+------------+---------+------------+
| Merchid    | Merchname | merchprice | Spec    | Merchnum | Cautionnum | Plannum | Provideid  |
+------------+-----------+------------+---------+---------+------------+---------+------------+
| S690180880 | 杏仁露    |        3.5 | 12斤/箱 |      50 |          2 |      50 | G200312103 |
| S800408309 | 胡萝卜    |        2.5 | 20斤/箱 |      20 |          1 |      15 | G200312103 |
+------------+-----------+------------+---------+---------+------------+---------+------------+
2 rows in set (0.00 sec)
```

图 10-2-1　存储过程 proc_provide 的创建及调用执行结果

（2）创建存储过程price_update完成如下功能：根据给出的商品编号（merchid）和要出库的商品数量更新入库信息表（stock）中的入库商品数量（merchnum）及入库总金额（totalprice）。

分析：根据任务要求，存储过程price_update中所提到的商品编号和要出库的商品数量是输入参数，存储过程的功能是更新数据表stock中的入库商品数量和入库总金额两列的值。并且要注意：入库总金额=入库商品数量×入库单价金额。

经过分析，可得到如下语句：

```
delimiter //
create procedure price_update(IN bh varchar(10),IN sl int)
begin
update stock
set merchnum=merchnum-sl,
totalprice=merchnum*merchprice
/*此处入库数量与入库总额一起更新，所以要注意总金额的计算*/
where merchid=bh;
end  //
```

调用存储过程price_update的语句如下：

```
delimiter ;
call price_update('S800408309',20);
```

调用存储过程price_update前后结果对比如图10-2-2所示。其中上图是存储过程执行前，商品"S800408309"的数量是80。调用存储过程时给出的数量参数是20，下图是存储过程执行后，数量变为60，注意框线部分。

stockid	merchid	merchnum	merchprice	totalprice	stockdate	stockstate	provideid
2	S800312101	1000	12	12000	2011-01-01 00:00:00	1	G200312101
3	S800408309	80	40	3200	2011-01-01 00:00:00	1	G200312103
4	S690180880	50	39.6	1980	2011-01-02 00:00:00	1	G200312103
5	S693648936	100	80	8000	2011-01-20 00:00:00	1	G200312102
6	S800313106	50	22.4	1120	2011-01-20 00:00:00	1	G200312102
7	S800408308	1000	1.5	1500	2011-01-20 00:00:00	1	G200312102
8	S800408308	1000	1.5	1500	2011-01-20 00:00:00	1	G200312102

stockid	merchid	merchnum	merchprice	totalprice	stockdate	stockstate	provideid
2	S800312101	1000	12	12000	2011-01-01 00:00:00	1	G200312101
3	S800408309	60	40	2400	2011-01-01 00:00:00	1	G200312103
4	S690180880	50	39.6	1980	2011-01-02 00:00:00	1	G200312103
5	S693648936	100	80	8000	2011-01-20 00:00:00	1	G200312102
6	S800313106	50	22.4	1120	2011-01-20 00:00:00	1	G200312102
7	S800408308	1000	1.5	1500	2011-01-20 00:00:00	1	G200312102
8	S800408308	1000	1.5	1500	2011-01-20 00:00:00	1	G200312102

图10-2-2　调用存储过程 price_update 前（上图）后（下图）对比图

（3）创建存储过程proc_merch，功能是根据提供的商品名称，从商品信息表（merchinfo）中找到该商品的编号（merchid）和商品价格（merchprice）显示出来。

分析：根据任务要求可知，存储过程proc_merch有一个输入参数，用来输入商品名称，并且需要在存储过程中显示出找到的商品编号和商品价格，没有输出参数。这种查找可使用游标遍历的方式进行，具体创建存储过程的语句如下：

```
delimiter //
create procedure proc_merch(IN name varchar(50))
begin
declare mid char(10);
declare mc varchar(50);
declare p float;
declare flag int default 1;
declare cur_merch cursor for select merchid,merchname,merchprice
from merchinfo;
declare continue handler for not found set flag=0;
open cur_merch;
fetch cur_merch into mid,mc,p;
ll:repeat
if mc=name then
select mid 商品编号,p 商品价格;
leave ll;
end if;
fetch cur_merch into mid,mc,p;
until flag=0 end repeat;
close cur_merch;
end//
```

调用存储过程proc_merch，查找"西红柿"的商品编号和商品价格，语句如下：

```
delimiter ;
call proc_merch('西红柿');
```

语句执行后得到图10-2-3所示的结果。

```
mysql> call proc_merch('西红柿');
+------------+------------+
| 商品编号    | 商品价格    |
+------------+------------+
| S800313106 |       22.4 |
+------------+------------+
1 row in set (0.00 sec)

Query OK, 0 rows affected (0.00 sec)
```

图 10-2-3　调用存储过程 proc_merch 查找商品编号和价格

（4）修改proc_merch存储过程的特征，将读写权限改为 MODIFIES SQL DATA，并指明调用者可以执行。

修改存储过程可使用如下语句：

```
ALTER PROCEDURE proc_merch MODIFIES SQL DATA SQL SECURITY INVOKER;
```

语句执行后，再使用语句show create procedure proc_merch;查看验证修改是否见效，具体情况如图10-2-4所示。

```
mysql> ALTER PROCEDURE proc_merch MODIFIES SQL DATA SQL SECURITY INVOKER;
Query OK, 0 rows affected (0.00 sec)

mysql> show create procedure proc_merch \G
*************************** 1. row ***************************
           Procedure: proc_merch
            sql_mode: ONLY_FULL_GROUP_BY,STRICT_TRANS_TABLES,NO_ZERO_IN_DATE,NO_ZERO_DATE,ERROR_FOR_DIVISION_BY_ZERO,NO_AUTO_CREATE_US
ER,NO_ENGINE_SUBSTITUTION
    Create Procedure: CREATE DEFINER=`root`@`%` PROCEDURE `proc_merch`(IN name varchar(50))
    MODIFIES SQL DATA
    SQL SECURITY INVOKER
begin
declare mid char(10);
declare mc varchar(50);
declare p float;
declare flag int default 1;
declare cur_merch cursor for select merchid,merchname,merchprice
from merchinfo;
declare continue handler for not found set flag=0;
open cur_merch;
fetch cur_merch into mid,mc,p;
ll:repeat
if mc=name then
select mid 商品编号,p 商品价格;
leave ll;
end if;
fetch cur_merch into mid,mc,p;
until flag=0 end repeat;
close cur_merch;
end
character_set_client: utf8
collation_connection: utf8_general_ci
   Database Collation: utf8_general_ci
1 row in set (0.00 sec)
```

图 10-2-4　修改存储过程 peoc_merch 的执行并验证结果

问题思考：游标使用要注意的事项？

游标的使用必须按照四个步骤进行，首先要声明定义游标，然后打开游标，接着获取数据，最后关闭游标。如果游标忘记关闭，会在退出begin...end语句块后自动关闭，但是可能会导致死锁现象，所以使用游标时一定要按照上述四个步骤操作。

学习结果评价

序　号	评价内容	评价标准	评价结果（是 / 否）
1	知识与技能	正确使用编程元素编程实现存储过程功能	□是 □否
		正确使用条件分支结构实现存储过程功能	□是 □否
		正确使用循环结构实现存储过程功能	□是 □否
2	职业规范	输入命令是否注意大小写	□是 □否
		因创建存储过程修改的语句结束符在完成创建自定义函数后是否重新修改回 ";"	□是 □否
3	总评	"是" 与 "否" 在本次评价中所占百分比	"是" 占　　% "否" 占　　%

课后作业

1．在pxbgl数据库中创建存储过程proc_xk，功能为根据学员编号（student_id）查询选课表（course_selection）中该学员的选课信息。调用存储过程proc_xk查看1号学员的选课信息。

2. 在pxbgl数据库中创建存储过程proc_kc，功能是根据输入的课程名关键词查询课程信息表（course_info）中包含该关键词的课程信息。调用存储过程proc_kc查看包含"语言"的课程信息。

学习笔记

工作任务⑪

设置触发器

学习目标

（1）能掌握触发器的基本概念和使用方法；

（2）能通过触发器实施用户定义的数据完整性；

（3）能通过验证触发器复习数据的增加、删除、修改操作。

最终目标

能根据要求创建触发器并验证其正确性。

任务 11-1　认识触发器

任务描述

能够按照格式和具体要求创建触发器并对其功能进行验证。

基础知识

1. 触发器的概念

触发器（TRIGGER）是一种特殊的存储过程，特殊性在于它不需要用户去执行，而是当用户对表中的数据进行增加（INSERT）、删除（DELETE）、修改（UPDATE）操作时自动触发执行，所以称为触发器。触发器通常用于实现强制业务规则和数据完整性。

2. 触发器专用临时表

MySQL 5.7为触发器创建了两个专用关键字：NEW和OLD，通过"NEW.列名"或者"OLD.列名"方式在触发器中进行使用。在技术上处理了NEW和OLD的列名，类似于创建了过渡变量（transition variables）。对于INSERT语句，只有NEW是合法的；对于DELETE语句，只有OLD是合法的；而UPDATE语句满足NEW和OLD的同时使用。

NEW和OLD与相关操作之间的关系如表11-1-1所示。

表 11-1-1 触发器 NEW 和 OLD 关键字与相关操作的关系表

相关操作语句	NEW	OLD
INSERT	要添加的数据	无
UPDATE	新数据	旧数据
DELETE	无	删除的数据

3. 触发器的分类：

①根据触发器触发的时间可将触发器分为两类：after触发器和before触发器。前者是指触发器在相关操作执行后触发执行，后者是指触发器在相关操作执行前触发执行。

②根据触发器触发的操作可将触发器分为三类：插入触发器、删除触发器和更新触发器。

4. 创建触发器的语法格式为：

```
CREATE TRIGGER 触发器名 BEFORE | AFTER INSERT | UPDATE | DELETE
ON 表名 FOR EACH ROW 触发器主体;
```

格式说明：

①触发器名：即触发器的名称，触发器在当前数据库中必须具有唯一的名称。如果要在某个特定数据库中创建，名称前面应该加上数据库的名称，例如：

数据库名.触发器名

②BEFORE | AFTER：是指触发时间，即触发器被触发的时刻，表示触发器是在激活它的语句之前或之后触发。若希望验证新数据是否满足条件，则使用 BEFORE 选项；若希望在激活触发器的语句执行之后完成几个或更多的改变，则通常使用 AFTER 选项。

③INSERT | UPDATE | DELETE：是指触发事件，用于指定激活触发器的语句的种类。

INSERT：将新行插入表时激活触发器。例如，INSERT 的 BEFORE 触发器不仅能被 MySQL 的 INSERT 语句激活，也能被 LOAD DATA 语句激活。

DELETE：从表中删除某一行数据时激活触发器，例如 DELETE 和 REPLACE 语句可以激活。

UPDATE：更改表中某一行数据时激活触发器，例如 UPDATE 语句可以激活。

④表名：指建立触发器的表名，此表必须是永久性表，不能将触发器与临时表或视图关联起来。在该表上触发事件发生时才会激活触发器。同一个表不能拥有两个具有相同触发时间和事件的触发器。例如，对于一张数据表，不能同时有两个 BEFORE UPDATE 触发器，但可以有一个 BEFORE UPDATE 触发器和一个 BEFORE INSERT 触发器，或一个 BEFORE UPDATE 触发器和一个 AFTER UPDATE 触发器。

⑤触发器主体：触发器动作主体，包含触发器激活时将要执行的 MySQL 语句。如果要执行多个语句，可使用BEGIN…END 复合语句结构。

⑥ FOR EACH ROW：指定行级触发，即对于受触发事件影响的每一行都要激活触发器的动作。例如，使用 INSERT 语句向某个表中插入多行数据时，触发器会对每一行数据

数据库设计与应用（MySQL）

的插入都执行相应的触发器动作。

注意：每个表都支持 INSERT、UPDATE 和 DELETE 的 BEFORE 与 AFTER，因此每个表最多支持 6 个触发器。每个表的每个事件每次只允许有一个触发器。单一触发器不能与多个事件或多个表关联。

任务实现

（一）操作条件
supermarket数据库以及数据库内的七个数据表都已经创建好，并且每个数据表中都有完整的数据。

（二）安全及注意事项
注意当前的语句结束符是什么，如果改变请按要求及时改回。

（三）操作过程
（1）在supermarket数据库的会员信息表（member）上创建一个名为trig_message的插入触发器，功能是当在会员信息表中插入数据时产生一条提示信息"超市又增加了新会员！"。

分析：根据任务要求可知，创建的触发器是一个插入after触发器，但因为MySQL的触发器中不能返回集合，即不能使用SELECT语句显示信息。则创建触发器的具体语句如下：

查询语句：

```
delimiter //
create trigger trig_message
after insert on member
for each row
begin
set @news= '超市又增加了新会员';
end //
delimiter ;
```

语句执行后得到图11-1-1所示的运行结果，表示触发器trig_message创建成功。

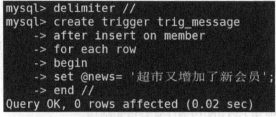

图 11-1-1　成功创建插入后触发器 trig_message

为验证创建的触发器是否能够通过数据插入语句执行后触发，可使用以下语句进行验证：

162

```
insert into member
values('1002300029','6325320200295299',340.9000,'2021/6/1');
```

执行上述语句后是否触发了触发器中语句的执行，使用以下语句：

```
select @news;
```

查看用户变量@news的值，得到图11-1-2所示的运行结果，表示创建的插入后触发器trig_message可正常使用。

```
mysql> insert into member
    -> values('1002300029','6325320200295298',340.9000,
    -> '2021/6/1');
Query OK, 1 row affected (0.00 sec)

mysql> select @news;
+---------------------------+
| @news                     |
+---------------------------+
| 超市又增加了新会员          |
+---------------------------+
1 row in set (0.01 sec)
```

图 11-1-2　向 member 表中添加新记录触发了插入后触发器 trig_message 的运行结果

（2）在supermarket数据库的用户信息表（users）中创建更新before触发器trig_updateuserid，要求当更新表中userid字段时，该操作不会进行，该条记录也不会被更新，并产生一条提示信息"用户编号不能修改！"。

分析：根据任务要求，触发器的触发动作是数据更新，且触发器为before触发，并且需要根据条件进行判断是否可以更新记录，结合基础知识中的创建触发器的语句格式，可使用以下语句创建trig_updateuserid触发器：

```
delimiter //
create trigger trig_updateuserid
before update on users
for each row
begin
if new.userid<>old.userid then
set new.userid =old.userid;
set new.username =old.username;
set new.userpw =old.userpw;
set new.userstyle =old.userstyle;
set @tips='用户编号不能修改！';
end if;
end //
delimiter ;
```

语句执行后得到图11-1-3所示的运行结果，表示更新前触发器trig_updateuserid创建成功。使用如下语句验证触发器的功能：

```
update users set userid='1111111111' where username like '陈%';
```

得到图11-1-4所示的运行结果，使用select @tips;查看提示信息。

```
mysql> create trigger trig_updateuserid
    -> before update on users
    -> for each row
    -> begin
    -> if new.userid<>old.userid then
    -> set new.userid =old.userid;
    -> set new.username =old.username;
    -> set new.userpw =old.userpw;
    -> set new.userstyle =old.userstyle;
    -> set @tips='用户编号不能修改！';
    -> end if;
    -> end //
Query OK, 0 rows affected (0.11 sec)
```

图 11-1-3　成功创建更新前触发器 trig_updateuserid

```
mysql> delimiter ;
mysql> update users set userid='1111111111' where username like '陈%';
Query OK, 0 rows affected (0.00 sec)
Rows matched: 1  Changed: 0  Warnings: 0

mysql> select @tips;
+----------------------+
| @tips                |
+----------------------+
| 用户编号不能修改！    |
+----------------------+
1 row in set (0.00 sec)
```

```
mysql> select * from users;
+------------+-----------+-------------+-----------+
| Userid     | Username  | Userpw      | userstyle |
+------------+-----------+-------------+-----------+
| 2011010330 | 张晓娟    | 547689      |         1 |
| 2011010331 | 李美侠    | 231456      |         1 |
| 2011010332 | 张成峰    | 123456      |         1 |
| 2011010333 | 赵小霞    | 089764      |         1 |
| 2011010346 | 孙铭      | sun43738291 |         1 |
| 2011020348 | 张珊      | 650403      |         1 |
| 2011020353 | 林云      | 740305      |         1 |
| 2011020451 | 陈光耀    | cgy830618   |         2 |
+------------+-----------+-------------+-----------+
8 rows in set (0.00 sec)
```

图 11-1-4　修改用户编号触发更新前触发器 trig_updateuserid 运行结果（上）及
更新操作对象表记录（下）

（3）在supermarket数据库的销售信息表（sales）中创建删除after触发器trig_deletesale，功能是从销售信息（sales）表中删除一条记录，表示销售退货，则商品信息表（merchinfo）中的商品数量要随之增加。

分析：任务要求sales表中删除一条记录，则merchinfo表中对应的商品数量就要加上删除的销售信息中商品销售数量，创建触发器的语句如下：

```
delimiter $
create trigger trig_deletesale
```

```
after delete on sale
for each row
begin
update merchinfo
set merchnum=merchnum+old.salenum
where merchid=old.merchid;
end $
delimiter ;
```

执行后得到图11-1-5所示运行结果，表示删除后触发器trig_deletesale创建成功。

```
mysql> delimiter $
mysql> create trigger trig_deletesale
    -> after delete on sale
    -> for each row
    -> begin
    -> update merchinfo
    -> set merchnum=merchnum+old.salenum
    -> where merchid=old.merchid;
    -> end $
Query OK, 0 rows affected (1.63 sec)
```

图 11-1-5　成功创建删除后触发器 trig_deletesale

创建删除后触发器trig_deletesale后，如果执行如下SQL语句：

```
select salenum from sale where merchid='S800408308' and saleid=17;
select  merchnum from merchinfo where merchid='S800408308';
delete from sale where saleid=17;
select  merchnum from merchinfo where merchid='S800408308';
```

得到图11-1-6所示的运行结果。

```
mysql> select salenum from sale where merchid='S800408308' and saleid=17;
+---------+
| salenum |
+---------+
|      20 |
+---------+
1 row in set (0.01 sec)

mysql> select  merchnum from merchinfo where merchid='S800408308';
+----------+
| merchnum |
+----------+
|      100 |
+----------+
1 row in set (0.00 sec)

mysql> delete from sale where saleid=17;
Query OK, 1 row affected (0.00 sec)

mysql> select  merchnum from merchinfo where merchid='S800408308';
+----------+
| merchnum |
+----------+
|      120 |
+----------+
1 row in set (0.00 sec)
```

图 11-1-6　删除后触发器 trig_deletesale 的触发运行结果

学习结果评价

序　号	评价内容	评价标准	评价结果（是/否）
1	知识与技能	正确使用 CREATE TRIGGER 按要求创建简单的插入 after 触发器并进行验证	□是 □否
		正确使用 CREATE TRIGGER 按要求创建简单的更新 before 触发器并进行验证	□是 □否
		正确使用 CREATE TRIGGER 按要求创建简单的删除 after 触发器并进行验证	□是 □否
2	职业规范	输入命令是否注意大小写	□是 □否
		因创建触发器修改的语句结束符在完成创建自定义函数后是否重新修改回"；"	□是 □否
3	总评	"是"与"否"在本次评价中所占百分比	"是"占　% "否"占　%

课后作业

1．在pxbgl数据库中为pay_info表创建一个插入after触发器qf_insert，当向该表中插入数据时，根据应付金额和实付金额判断是否欠费，如果欠费则将相关信息插入到arrears表中。

2．向pay_info表中插入一条记录：编号：6，学员编号：6，姓名：李云，应付金额：300，优惠金额：0，实付金额：200，欠费金额：0，交费日期：2020-9-3，操作员：3，备注：null。验证qf_insert的效果。

任务 11-2　创建并使用触发器

任务描述

能够根据要求使用编程元素编写、使用触发器。

基础知识

（1）在MySQL中如果要修改触发器，通常先使用DROP语句删除原来的触发器再使用CREATE TRIGGER语句新建触发器。

（2）在 MySQL 中，查看触发器可以查看当前数据库中所有触发器的信息，也可以查看指定的触发器信息。

若需要查看当前数据库中已有的触发器，则可以使用：

```
SHOW TRIGGERS;
```

查看当前用户下所有数据库中所有触发器的详细信息，可以使用：

```
SELECT * FROM INFORMATION_SCHEMA.TRIGGERS;
```

166

查看当前用户下所有数据库中指定触发器的详细信息，可以使用：

```
SELECT * FROM INFORMATION_SCHEMA.TRIGGERS WHERE TRIGGER_NAME='触发器
名'[\G];
```

任务实现

（一）操作条件

supermarket数据库以及数据库内的七个数据表都已经创建好，并且每个数据表中都有完整的数据。

（二）安全及注意事项

注意当前的语句结束符是什么，如果改变请按要求及时改回。

（三）操作过程

（1）为数据库supermarket的入库信息表（stock）创建一个插入before触发器trig_stock，要求在插入记录中的商品的库存数量高于库存报警数量时，则不能实现插入操作，并给出提示信息。

分析：根据任务要求可知，商品的库存数量（merchnum）和库存报警数量（cautionnum）都是商品信息表（merchinfo）中的字段，只要商品的库存数量大于库存报警数量就无须进货，即用给出提示信息这个操作替代了入库信息表中的入库操作。具体语句如下：

```
delimiter $
create trigger trig_stock
before insert on stock
for each row
begin
declare kc int;
declare bj int;
declare bh varchar(10);
set bh=new.merchid;
select merchnum,cautionnum into kc,bj
from merchinfo
where merchid=bh;
if(kc>bj) then
    set @tips='库存量充足，无须进货！';
    delete from stock where stockid=new.stockid;
else
    set @tips='已进货！';
    update merchinfo set merchnum=merchnum+new.merchnum where merchid=
new.merchid;
    end if;
```

```
end $
delimiter ;
```

语句执行后得到图11-2-1所示的运行结果，表示触发器trig_stock已经成功创建。

为验证触发器的效果，使用如下语句：

```
insert into stock(stockid,merchid,merchnum,merchprice,
totalprice,stockdate,stockstate,provideid)
values(8,'S800408308',1000,1.5000,1500.0000,'2017-01-20',1,
'G200312102');
```

```
mysql> delimiter $
mysql> create trigger trig_stock
    -> before insert on stock
    -> for each row
    -> begin
    -> declare kc int;
    -> declare bj int;
    -> declare bh varchar(10);
    -> set bh=new.merchid;
    -> select merchnum,cautionnum into kc,bj
    -> from merchinfo
    -> where merchid=bh;
    -> if(kc>bj) then
    ->  set @tips='库存量充足，无须进货！';
    ->  delete from stock where stockid=new.stockid;
    -> else
    ->  set @tips='已进货！';
    ->  update merchinfo set merchnum=merchnum+new.merchnum where merchid=
    -> new.merchid;
    -> end if;
    -> end $
Query OK, 0 rows affected (0.00 sec)
```

图 11-2-1 成功创建插入前触发器 trig_stock

在执行这条语句之前可以先查询商品信息表（merchinfo）和入库信息表（stock）的信息，然后执行这条插入数据语句，再查询上述两个表的信息，两两对照，具体情况如图11-2-2所示。

```
mysql> select * from merchinfo;
+------------+------------+-----------+--------+---------+-----------+---------+------------+
| Merchid    | Merchname  | merchprice| Spec   | Merchnum| Cautionnum| Plannum | Provideid  |
+------------+------------+-----------+--------+---------+-----------+---------+------------+
| S690180880 | 杏仁露     |      3.5  | 12听/箱|      50 |        2  |      50 | G200312103 |
| S700120101 | 提子饼干   |      7.8  | 200克  |      25 |        3  |      20 | G200312302 |
| S700120102 | 老面包     |        5  | 300克  |      30 |        5  |      50 | G200312302 |
| S700120103 | 抹茶西饼   |       20  | 300克  |      50 |        5  |      50 | G200312302 |
| S800312101 | QQ糖       |       12  | 10粒/袋|     500 |       10  |     100 | G200312105 |
| S800313106 | 西红柿     |     22.4  | 30个/箱|      50 |        5  |      20 | G200312102 |
| S800408101 | 方便面     |       29  | 20袋/箱|      50 |        5  |      30 | G200312101 |
| S800408308 | 白糖       |        2  | 1斤/袋 |     120 |      150  |      50 | G200312102 |
| S800408309 | 胡萝卜     |      2.5  | 20斤/箱|      20 |        1  |      15 | G200312103 |
+------------+------------+-----------+--------+---------+-----------+---------+------------+
9 rows in set (0.00 sec)

mysql> select * from stock;
+---------+------------+----------+-----------+-------------------+---------------------+------------+------------+
| stockid | Merchid    | Merchnum | Merchprice| totalprice        | Stockdate           | Stockstate | provideid  |
+---------+------------+----------+-----------+-------------------+---------------------+------------+------------+
|       1 | S800312101 |     1000 |        12 |             12000 | 2011-01-01 00:00:00 |          1 | G200312101 |
|       2 | S800408309 |       60 |        40 |              2400 | 2011-01-01 00:00:00 |          1 | G200312103 |
|       3 | S690180880 |       50 |      39.6 | 1979.9999237060547| 2011-01-02 00:00:00 |          1 | G200312103 |
|       4 | S693648936 |      100 |        80 |              8000 | 2011-01-20 00:00:00 |          1 | G200312102 |
|       5 | S800313106 |       50 |      22.4 | 1119.9999809265137| 2011-01-20 00:00:00 |          1 | G200312102 |
|       6 | S800408308 |     1000 |       1.5 |              1500 | 2011-01-20 00:00:00 |          1 | G200312102 |
|       7 | S800408308 |     1000 |       1.5 |              1500 | 2011-01-20 00:00:00 |          1 | G200312102 |
+---------+------------+----------+-----------+-------------------+---------------------+------------+------------+
7 rows in set (0.00 sec)
```

图 11-2-2

图 11-2-2　插入前触发器 trig_stock 触发执行前（上）后（中）对照（续）

（2）为数据库supermarket的merchinfo表创建限制取值范围的触发器trig_price，限制插入商品信息表中的商品价格必须大于0（仅考虑插入操作）。

分析：根据要求可知，要创建的触发器可以是before触发器也可以是after触发器，触发操作限定于插入。此处决定选择创建的触发器为插入after触发器，创建触发器的语句如下：

```
delimiter $
create trigger trig_price
after insert on merchinfo
for each row
begin
if new.merchprice<=0 then
    set @error='商品价格必须大于0！';
    delete from merchinfo where merchid=new.merchid;
else
    set @error='已添加商品！';
end if;
end $
delimiter ;
```

语句执行后得到图11-2-3所示的运行结果，表示插入后触发器trig_price已经成功创建。

```
mysql> delimiter $
mysql> create trigger trig_price
    -> after insert on merchinfo
    -> for each row
    -> begin
    -> if new.merchprice<=0 then
    ->     set @error='商品价格必须大于0! ';
    ->     delete from merchinfo where merchid=new.merchid;
    -> else
    ->     set @error='已添加商品! ';
    -> end if;
    -> end $
Query OK, 0 rows affected (0.01 sec)
```

图 11-2-3　成功创建插入后触发器 trig_price

针对该触发器，使用以下语句对触发器进行测试：

```
insert into merchinfo
values('S700120105','手指饼干',0,'200克',25,3,20,'G200312302');
```

得到图11-2-4所示的测试结果。

```
mysql> insert into merchinfo
    -> values('S700120105','手指饼干',0,'200克',25,3,20,
    -> 'G200312302');
ERROR 1442 (HY000): Can't update table 'merchinfo' in stored function/trigger because it is already used by statement which invoked this stored function/trigger.
mysql> select @error;
+------------------------+
| @error                 |
+------------------------+
| 商品价格必须大于0!      |
+------------------------+
1 row in set (0.00 sec)
```

图 11-2-4　插入商品信息的商品价格等于 0 触发 trig_price 执行，插入数据不成功

使用如下语句进行测试：

```
insert into merchinfo
values('S700120105','手指饼干',28,'200克',25,3,20,'G200312302');
```

测试结果如图11-2-5所示。

```
mysql> insert into merchinfo
    -> values('S700120105','手指饼干',28,'200克',25,3,20,
    -> 'G200312302');
Query OK, 1 row affected (0.00 sec)

mysql> select @error;
+------------------+
| @error           |
+------------------+
| 已添加商品!       |
+------------------+
1 row in set (0.00 sec)

mysql> select * from merchinfo;
+------------+-----------+------------+---------+---------+------------+---------+------------+
| Merchid    | Merchname | merchprice | Spec    | Merchnum| Cautionnum | Plannum | Provideid  |
+------------+-----------+------------+---------+---------+------------+---------+------------+
| S690180880 | 杏仁露     | 3.5        | 12斤/箱  | 50      | 2          | 50      | G200312103 |
| S700120101 | 提子饼干   | 7.8        | 200克    | 25      | 3          | 20      | G200312302 |
| S700120102 | 老面包     | 5          | 300克    | 30      | 5          | 50      | G200312302 |
| S700120103 | 抹茶西饼   | 20         | 300克    | 50      | 5          | 50      | G200312302 |
| S700120105 | 手指饼干   | 28         | 200克    | 25      | 3          | 20      | G200312302 |
| S800312101 | QQ糖       | 12         | 10粒/袋  | 500     | 10         | 100     | G200312105 |
| S800313106 | 西红柿     | 22.4       | 30个/箱  | 50      | 5          | 20      | G200312102 |
| S800408101 | 方便面     | 29         | 20袋/箱  | 50      | 5          | 30      | G200312101 |
| S800408308 | 白糖       | 2          | 1斤/袋   | 1120    | 150        | 50      | G200312102 |
| S800408309 | 胡萝卜     | 2.5        | 20斤/箱  | 20      | 1          | 15      | G200312103 |
+------------+-----------+------------+---------+---------+------------+---------+------------+
10 rows in set (0.00 sec)
```

图 11-2-5　插入商品信息的商品价格大于 0 未触发 trig_price 执行，插入数据成功

学习笔记

（3）在超市管理系统数据库的会员信息表（member）中创建一个名为trig_reg的插入after触发器，要求该触发器确保会员的注册日期只能在当前系统日期之前（包含当前系统日期）。

分析：根据功能要求可知插入后触发器需要验证的是注册日期字段regdate必在当前系统日期之前（包含当前系统日期），即regdate小于或等于curdate()，如果插入的数据不符合要求就将插入的数据删除掉，如果符合要求，就正常插入。创建插入后触发器trig_reg的语句如下：

```
delimiter //
create trigger trig_reg after insert on member
for each row
begin
if new.regdate>curdate() then
delete from member where memberid=new.memberid;
end if;
end//
delimiter ;
```

语句执行后得到图11-2-6所示的运行结果，表示插入后触发器trig_reg已经成功创建。

```
mysql> delimiter //
mysql> create trigger trig_reg after insert on member
    -> for each row
    -> begin
    -> if new.regdate>curdate() then
    -> delete from member where memberid=new.memberid;
    -> end if;
    -> end//
Query OK, 0 rows affected (0.10 sec)
```

图 11-2-6　成功创建插入后触发器 trig_reg

使用如下语句验证trig_reg效果：

```
insert into member values('1002300050','6325320202195298',0,'2021-6-20');
```

可以看到图11-2-7所示的运行结果，在当前系统日期之前注册的会员信息成功插入member表中。

使用如下语句测试trig_reg的效果：

```
insert into member values('1002300060','6325320202195398',0,'2021-6-25');
```

可以看到图11-2-8所示的运行结果，表示在当前系统日期之后注册的会员信息无法插入member类中。

问题思考：在MySQL中设置触发器的注意事项有哪些？

由于MySQL 5.*以上版本才添加了触发器功能，所以触发器不是很完善，目前为止无法在触发器中进行显性回滚、抛出异常、返回结果集等操作，所以，在MySQL中使用触发器时一定要谨慎并且考虑周全。

数据库设计与应用（MySQL）

学习笔记

```
mysql> select * from member;
+------------+-------------------+------------+---------------------+
| memberid   | membercard        | totalcost  | regdate             |
+------------+-------------------+------------+---------------------+
| 1002300011 | 6325320200295144  |    3050.8  | 2009-09-08 00:00:00 |
| 1002300012 | 6325320200295145  |      5030  | 2009-09-08 00:00:00 |
| 1002300013 | 6325320200295146  |   12305.9  | 2009-09-08 00:00:00 |
| 1002300014 | 6325320200295147  |      1240  | 2009-09-09 00:00:00 |
| 1002300018 | 6325320200295161  |     345.6  | 2010-08-09 00:00:00 |
| 1002300019 | 6325320200295162  |    1624.7  | 2010-09-04 00:00:00 |
| 1002300022 | 6325320200295288  |     340.9  | 2011-05-01 00:00:00 |
| 1002300028 | 6325320200295298  |     340.9  | 2011-06-01 00:00:00 |
+------------+-------------------+------------+---------------------+
8 rows in set (0.00 sec)

mysql> insert into member values('1002300050','6325320202195298',0,'2021-6-20');
Query OK, 1 row affected (0.00 sec)

mysql> select * from member;
+------------+-------------------+------------+---------------------+
| memberid   | membercard        | totalcost  | regdate             |
+------------+-------------------+------------+---------------------+
| 1002300011 | 6325320200295144  |    3050.8  | 2009-09-08 00:00:00 |
| 1002300012 | 6325320200295145  |      5030  | 2009-09-08 00:00:00 |
| 1002300013 | 6325320200295146  |   12305.9  | 2009-09-08 00:00:00 |
| 1002300014 | 6325320200295147  |      1240  | 2009-09-09 00:00:00 |
| 1002300018 | 6325320200295161  |     345.6  | 2010-08-09 00:00:00 |
| 1002300019 | 6325320200295162  |    1624.7  | 2010-09-04 00:00:00 |
| 1002300022 | 6325320200295288  |     340.9  | 2011-05-01 00:00:00 |
| 1002300028 | 6325320200295298  |     340.9  | 2011-06-01 00:00:00 |
| 1002300050 | 6325320202195298  |         0  | 2021-06-20 00:00:00 |
+------------+-------------------+------------+---------------------+
9 rows in set (0.00 sec)
```

图 11-2-7　在当前系统日期之前注册的会员信息成功插入 member 中

```
mysql> insert into member values('1002300060','6325320202195398',0,'2021-6-25');
ERROR 1442 (HY000): Can't update table 'member' in stored function/trigger because it is already used by statement which invoked this stored function/trigger.
mysql> drop trigger trig_reg;
Query OK, 0 rows affected (0.00 sec)
```

图 11-2-8　在当前系统日期之后注册会员触发 trig_reg 执行，插入数据不成功

学习结果评价

序　号	评价内容	评价标准	评价结果（是/否）
1	知识与技能	正确使用 CREATE TRIGGER 按功能要求创建插入前触发器并进行验证	□是 □否
		正确使用 CREATE TRIGGER 按功能要求创建插入后触发器并进行验证	□是 □否
		掌握验证触发器的数据增加、删除、修改的语句格式	□是 □否
2	职业规范	输入命令是否注意大小写	□是 □否
		因创建触发器修改的语句结束符在完成创建自定义函数后是否重新修改回";"	□是 □否
3	总评	"是"与"否"在本次评价中所占百分比	"是"占　% "否"占　%

课后作业

1. 在pxbgl数据库中，为student_info表创建一个删除after触发器，当删除student_info表中一个学员信息时，将course_selection表中该学员的信息也删除。

2. 在pxbgl数据库中，为课程信息表course_info创建一个更新after触发器，当更改表中的课程名时，course_selection表中的课程名也自动发生更改。

3. 在pxbgl数据库中，为pay_info表创建一个更新after触发器，当用户修改id列时，触发器禁止该操作，并给出提示信息"编号不能进行修改！"。

工作任务⑫

管理数据库

学习目标

（1）能掌握 MySQL 数据库的备份和还原操作。

（2）能在 MySQL 数据库中创建、删除用户。

（3）能对数据库中权限进行授予、查看和收回操作。

最终目标

能熟练掌握对 MySQL 数据库的管理操作。

任务 12-1　管理事务、备份与还原数据库

任务描述

能够正确地在MySQL环境中进行事务管理、数据库的备份、还原操作。

基础知识

（1）事务处理机制可以使整个系统更加安全，保证同一个事务中的操作具有同步性。

日常生活中，人们经常进行转账操作，转账操作可以看作两个动作：转入和转出，只有这两个动作全部完成才认为转账成功。在数据库中，这个操作是通过两条语句实现的，如果其中一条语句没有执行或者出现异常就会导致两个账户金额的不同步，造成错误。

在MySQL中引入了事务的概念，所谓事务就是针对数据库的一组操作，它可以由一条或者多条SQL语句组成，同一个事务的操作具有同步的特点，如果其中一条语句无法执行，那么所有语句都不会执行，也就是说，事务中的语句要么都执行，要么都不执行。

开启事务语句：start transaction;

提交事务语句：commit;

回滚事务语句：rollback;

（2）事务必须同时满足4个特性，即原子性、一致性、隔离性和永久性，即，事务是

最小工作单元，不可分割；事务必须使数据库从一个一致状态变换到另一个一致性状态；当多个用户并发访问数据库时，数据库为每一个用户开启的事务，不能被其他事务的操作数据所干扰，并发事务之间相互隔离；事务一旦提交，其所做的修改就会永久保存到数据库中。

（3）数据库备份要在操作系统命令行状态下输入命令完成，具体命令为：mysqldump，具体语法格式为：

```
mysqldump -u用户名 -p[密码] 数据库名 [表名1 表名2 ……] >[路径/]备份文件名.sql
```

（4）还原数据库与数据库备份相同，都是要在操作系统命令行状态下输入命令完成，具体命令为：mysql，具体语法格式为：

```
mysql -u 用户名 -p[密码] [数据库名] <[路径/]备份文件名.sql
```

其中，数据库名表示的数据库必须是预先创建好的。

注意：如果是将Linux操作系统下的MySQL数据库备份文件还原到Windows 10操作系统下的MySQL，则可能会出现中文乱码和查询显示不整齐的情况，需要在MySQL环境下进行调整。解决中文乱码需要使用如下语句：

```
mysql>set names gbk;
```

解决显示格式不整齐需要使用如下语句：

```
mysql>charset gbk;
```

任务实现

（一）操作条件

supermarket数据库以及数据库内的七个数据表都已经创建好，并且每个数据表中都有完整的数据。

（二）安全及注意事项

注意当前数据库每个表的数据状况是否有异常。

（三）操作过程

（1）在supermarket数据库中创建一个名为account的数据表，字段要求如下：

account(id,name,money)，其中id是主键，int类型，自动增长；name是40位可变长字符型，可以为空，money是浮点型，可以为空。向表中插入两行数据：

```
insert into account(name,money) values('a',1000);
insert into account(name,money) values('b',1000);
```

语句执行后得到图12-1-1所示结果。

现要求通过update语句将账户a中的1000元钱转给账户b，最后提交事务。

图 12-1-1　account 表中的数据

174

结合基础知识，可以给出如下语句：

```
start transaction;
update account set money=money-1000 where name='a';
update account set money=money+1000 where name='b';
commit;
```

表示先开启一个事务，待账户a和b的操作全部完成后，提交事务，保证了转账的同步性。语句执行后效果如图12-1-2所示。

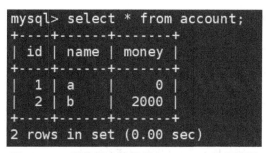

图 12-1-2　事务提交执行后 account 表数据情况

如果在commit;命令之前先使用了rollback;命令，则两个update语句所做的修改全部作废，事务回滚。

（2）数据库备份与还原（以下操作在Windows系统的DOS窗口下进行）。

①MySQL命令行备份数据库：

步骤一：进入MySQL目录下的bin文件夹：cd MySQL中的bin文件夹的目录。

如输入的命令行：cd C:\Program Files\MySQL\MySQL Server\bin（或者直接将windows的环境变量path中添加到该目录）。

步骤二：导出数据库：mysqldump -u用户名 -p 数据库名 > 导出的文件名。

如输入的命令行：

```
mysqldump -u root -p supermarket > supmermarket.sql
```

输入以上命令后会让用户输入进入MySQL的密码，如果导出单张表的话在数据库名后面输入表名即可。

步骤三：会看到文件supermarket.sql自动生成到bin文件下。

②MySQL命令行还原数据库：

步骤一：将要导入的.sql文件移至bin文件下，这样的路径比较方便。

步骤二：同备份操作中的步骤一。

步骤三：进入MySQL：mysql -u用户名 –p。

如输入的命令行：

```
mysql -u root -p (输入后同样需要输入MySQL的密码)
```

步骤四：在MySQL中新建一个空数据库，如新建一个名为news的目标数据库。

数据库设计与应用（MySQL）

学习笔记

步骤五：输入：mysql>use 目标数据库名。

如输入命令行：

```
mysql>use news;
```

步骤六：导入文件mysql>source 导入的文件名;。

如输入命令行：

```
mysql>source supermarket.sql;
```

学习结果评价

序　号	评价内容	评价标准	评价结果（是／否）
1	知识与技能	正确使用事务管理语句实现事务提交、回滚等操作	□是 □否
		正确使用 MySQL 命令按步骤完成数据库 supermarket 的备份	□是 □否
		正确使用 MySQL 命令按步骤完成数据库 supermarket 的还原	□是 □否
2	职业规范	输入命令是否注意大小写	□是 □否
3	总评	"是"与"否"在本次评价中所占百分比	"是"占　％ "否"占　％

课后作业

1．按步骤备份pxbgl数据库。

2．按步骤还原pxbgl数据库。

任务 12-2　管理用户及用户权限

任务描述

能够正确地在MySQL环境中进行用户和权限管理的相关操作。

基础知识

（1）MySQL的用户分为root用户和普通用户，root用户为超级管理员，具有所有权限，如创建用户，删除用户和管理用户等，而普通用户只拥有被赋予的某些权限。

（2）创建普通用户账户有三种方式：GRANT语句、CREATE语句和INSERT语句。

（3）删除普通用户账户有两种方式：DROP语句和删除系统表mysql.user中相应的数据记录实现。

（4）权限管理包含授权、查看权限和收回权限。分别使用GRANT、SHOW和REVOKE语句实现。

（5）MySQL中的权限信息被存储在数据库的user、db、host、tables_priv、column_priv

176

和proc_priv表中，当MySQL启动时会自动加载这些权限信息，并将这些权限信息读取到内
存中，下面对这些表中的部分权限进行分析，具体如下：

① create和drop权限，可以创建数据库、表、索引，或者删除已有的数据库、表、索引。

② insert、delete、update、select权限，可以对数据库中的表进行增删改查操作。

③ index权限，可以创建或者删除索引，适用于所有的表。

④ alter权限，可以用于修改表的结构或者重命名表。

⑤ grant权限，允许为其他用户授权，可用于数据库和表。

⑥ file权限，被赋予该权限的用户能读写MySQL服务器上的任何文件。

上述这些权限只要了解即可，无须特殊记忆。

任务实现

（一）操作条件

supermarket数据库以及数据库内的七个数据表都已经创建好，并且每个数据表中都有完整的数据。

（二）安全及注意事项

注意当前数据库的用户情况。

（三）操作过程

（1）使用GRANT语句创建一个新用户，用户名为user1、密码为1234，并授予该用户对supermarket.account表有查询权限，GRANT语句如下：

```
grant select on supermarket.account to 'user1'@'localhost'identified
by '1234';
```

（2）使用CREATE USER语句创建一个新用户，用户名为user2、密码为1234，语句如下：

```
create user 'user2'@'localhost'identified by '1234';
```

（3）使用INSERT语句直接在mysql.user表（MySQL中自带的权限表）中创建一个新用户，用户名为user3、密码为1234，MySQL 5.7之后的版本中，user表中已经没有password列了，取而代之的是authentication_string列。则创建用户的语句如下：

```
insert into mysql.user(Host,User,authentication_string,ssl_cipher,
x509_issuer,x509_subject)
values('localhost', 'user3',PASSWORD('1234'),'','','');
```

（4）使用DROP USER语句删除已经存在的用户user1，语句如下：

```
drop User 'user1' @'localhost';
```

（5）使用DELETE语句删除用户user2，语句如下：

```
delete from mysql.user where Host='localhost' and User='user2';
```

（6）授予权限。使用grant语句创建一个新用户，用户名为user4、密码为1234，user4用户对所有数据库有insert、select权限，并使用with grant option子句，语句如下：

```
grant insert,select on *.* to 'user4'@'localhost' identified by '1234'
with grant option;
```

（7）查看权限。使用show grants语句查询root用户的权限，语句如下：

```
show grants for 'root'@'localhost';
```

（8）收回权限。使用revoke语句收回user4的所有权限，语句如下：

```
revoke all privileges,grant option from 'user4'@'localhost';
```

问题思考： 在创建用户时报错，错误号信息如下：ERROR 1819 (HY000): Your password does not satisfy the current policy requirements，是什么情况，如何解决？

这个错误表示设置的密码过于简单，不符合当前的密码规则，与validate_password_policy的值有关，其默认值为1，即MEDIUM，所以要求设置的密码必须符合长度，且必须含有数字、小写或大写字母、特殊字符。要想设置简单用户密码，可以修改validate_password_policy的值，即

```
set global validate_password_policy=0;
```

除此还要查看或设置validate_password_length的值，设置为1，表示密码最少有4位。

学习结果评价

序 号	评价内容	评价标准	评价结果（是 / 否）
1	知识与技能	正确使用三种方式创建用户	□是 □否
		正确使用两种方式删除用户	□是 □否
		正确使用 GRANT、SHOW、REVOKE 管理权限	□是 □否
2	职业规范	输入命令是否注意大小写	□是 □否
3	总评	"是"与"否"在本次评价中所占百分比	"是"占　% "否"占　%

课后作业

无

课后作业参考答案

工作任务 1：认识数据库

任务 1-1 掌握数据库基础知识

1. 将实体 - 联系模型用 E-R 图表示时，实体和联系分别使用什么图形表示？

答：实体使用矩形表示，联系使用菱形表示。

2. 将实体 - 联系模型转换成关系模型时，什么样的联系需要单独转换成数据表？

答：多对多联系需要单独转换成数据表。

3. 有一个培训班管理系统，功能管理模块如图 1-1-11 所示，需求信息如下：

① 用户分为管理员用户（管理员）和一般用户（学员）。

② 一名学员可以选择多个课程，一个课程可以被多个学员选择。

③ 一名学员可以多次请假。

④ 一名学员可以多次交费。

对上述需求进行总结，分析培训班管理系统数据库相关数据项如下：

① 学员信息主要包括：学员编号、姓名、性别、电话、联系地址、入学时间、状态、证件类型、证件号码等。

② 课程信息主要包括：课程号、课程名、学费、开课时间、结束时间、课时等。

③ 管理员信息主要包括：工号、用户名、密码等。

根据这些信息绘制培训班管理系统 E-R 图。

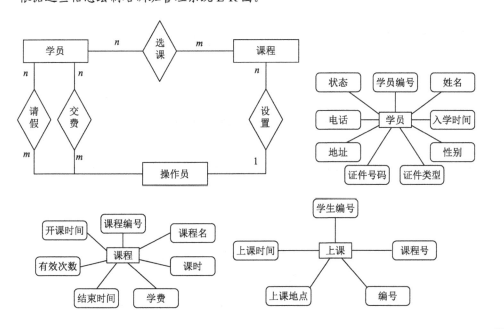

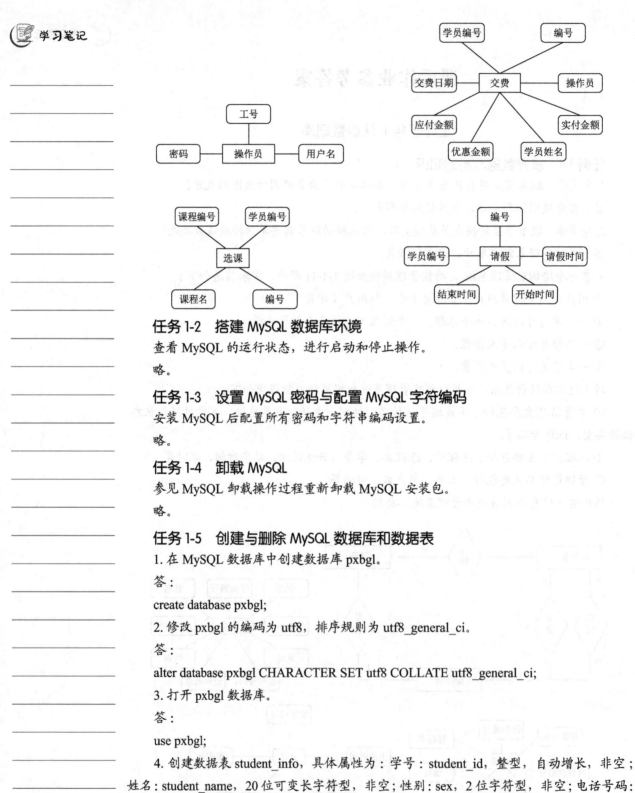

任务 1-2　搭建 MySQL 数据库环境

查看 MySQL 的运行状态，进行启动和停止操作。

略。

任务 1-3　设置 MySQL 密码与配置 MySQL 字符编码

安装 MySQL 后配置所有密码和字符串编码设置。

略。

任务 1-4　卸载 MySQL

参见 MySQL 卸载操作过程重新卸载 MySQL 安装包。

略。

任务 1-5　创建与删除 MySQL 数据库和数据表

1. 在 MySQL 数据库中创建数据库 pxbgl。

答：

create database pxbgl;

2. 修改 pxbgl 的编码为 utf8，排序规则为 utf8_general_ci。

答：

alter database pxbgl CHARACTER SET utf8 COLLATE utf8_general_ci;

3. 打开 pxbgl 数据库。

答：

use pxbgl;

4. 创建数据表 student_info，具体属性为：学号：student_id，整型，自动增长，非空；姓名：student_name，20 位可变长字符型，非空；性别：sex，2 位字符型，非空；电话号码：telephone，13 位可变长字符型，非空；地址：address，50 位可变长字符型，非空；证件类

180

型：IDtype，20 位可变长字符型，非空；证件编号：IDnumber，20 位可变长字符型，非空；入学时间：entrance_time，日期型，非空；状态：status，6 位可变长字符型，非空；备注：memo，100 位可变长字符型，可以为空。

答：

create table student_info(

student_id int not null auto_increment,

student_name varchar(20) not null,

sex char(2) not null,

telephone varchar(13) not null,

address varchar(50) not null,

IDtype varchar(20) not null,

IDnumber varchar(20) not null,

entrance_time date not null,

status varchar(6) not null,

memo varchar(100) null);

5. 删除数据表 student_info。

答：

drop table student_info;

6. 删除数据库 pxbgl。

答：

drop database pxbgl;

工作任务 2: 使用数据表

任务 2-1　修改数据表的定义

1. 将 pxbgl 数据库中 arrears 表的名称更改为 arrearage。

答：

alter table arrears rename to arrearage;

2. 将 pxbgl 数据库中 class_info 表的 inclass 字段名称更改为 ifinclass，数据类型仍然为原来的 50 位可变长字符型，不能为空。

答：

alter table class_info change inclass ifinclass varchar(50) not null;

3. 将题目 2 中的 ifinclass 字段的数据类型更改为 2 位定长字符型，不能为空。

答：

alter table class_info modify ifinclass char(2) not null;

4. 向 pxbgl 数据库中的 student_info 表增加一个存储学员年龄的字段 sage，数据类型为

tinyint，允许为空。

答：

alter table student_info add sage tinyint;

5. 删除题目 4 中新增加的 sage 字段。

答：

alter table student_info drop sage;

任务 2-2　向表中添加数据

1. 向 pxbgl 数据库的 student_info 表中添加如下记录：

"4, 杨修, 男 ,8234111*, 无锡崇安区 , 学生证 ,123454,2010-09-03 00:00:00, 正常 ,11 月要参加比赛"，分别对应表中的字段：student_id,student_name,sex,telephone,address,IDtype,IDnumber,entrance_time,status,memo，此时字段的顺序和个数与建表时的字段顺序和个数完全一致。

答：

insert into student_info values(4,' 杨修 ',' 男 ','8234111*',' 无锡崇安区 ',' 学生证 ','123454','2010-09-03 00:00:00',' 正常 ','11 月要参加比赛 ');

2. 向 pxbgl 数据库的 class_info 表中添加如下记录：

"1,1,1,101 教室 ,2020-09-05 13:00:00, 是"，分别对应表中的字段：id,student_id,course_id,classroom,classtime,ifinclass。

答：

insert into

class_info(id,student_id,course_id,classroom,classtime,ifinclass)

values(1,1,1,'101 教室 ','2020-09-05 13:00:00',' 是 ');

3. 向 pxbgl 数据库的 student_info 表中添加如下记录：

"1, 张林 , 女 ,8547582*, 无锡中桥 , 学生证 ,123456,2020-09-01 00:00:00, 正常"，分别对应表中的字段：student_id,student_name,sex,telephone,address,IDtype,IDnumber,entrance_time,status。

答：

insert into student_info(student_id,student_name,sex,telephone,address,IDtype,IDnumber,entrance_time,status)

values(1,' 张林 ',' 女 ','85475825',' 无锡中桥 ',' 学生证 ','123456','2020-09-01 00:00:00',' 正常 ');

4. 向 pxbgl 数据库的 course_info 表中一次性添加 5 条记录，具体为：

"6,Web 项目开发 ,64,300,2020-09-05 00:00:00,2020-12-01 00:00:00,16",

"7,Linux 操作系统 ,48,300,2020-09-05 00:00:00,2020-12-01 00:00:00,16",

"8,Python 语言 ,64,300,2020-09-05 00:00:00,2020-12-01 00:00:00,16",

"9, 大数据分析 ,64,300,2020-09-05 00:00:00,2020-12-01 00:00:00,16",

"10, 数据可视化 ,32,300,2020-09-05 00:00:00,2020-12-01 00:00:00,16",分别对应表中 的字段:course_id,course_name,perior,tuition,start_time,end_time,enabled_times。

答:

insert into course_info(course_id,course_name,perior,tuition,start_time,end_time,enabled_times) values

(6,'Web 项目开发 ',64,300,'2020-09-05 00:00:00','2020-12-01 00:00:00',16) ,

(7,'Linux 操作系统 ',48,300,'2020-09-05 00:00:00','2020-12-01 00:00:00',16),

(8,'Python 语言 ',64,300,'2020-09-05 00:00:00','2020-12-01 00:00:00',16),

(9,' 大数据分析 ',64,300,'2020-09-05 00:00:00','2020-12-01 00:00:00',16),

(10,' 数据可视化 ',32,300,'2020-09-05 00:00:00','2020-12-01 00:00:00',16);

任务 2-3　修改表中数据

1. 修改 pxbgl 数据库中的课程信息表(course_info),将课程编号(course_id)为 5 的课程名(course_name)改成"数据库设计与应用"。

答:

update course_info set course_name=' 数据库设计与应用 ' where course_id=5;

2. 修改 pxbgl 数据库中的选课信息表(course_selection),将编号(id)为"5"的选课信息中的选课编号(course_id)修改为 9,选课名称(course_name)修改为"大数据分析"。

答:

update course_selection set course_id=9,course_name=' 大数据分析 ' where id='5';

3. 修改 pxbgl 数据库中的学员信息表(student_info),将所有学员电话(telephone)号码前添加区号"0510"。

答:

update student_info set telephone=concat('0510',telephone);

任务 2-4　删除表中数据

1. 删除 pxbgl 数据库的课程信息表(course_info)中课程名(course_name)为"网页制作"的课程信息。

答:

delete from course_info

where course_name=' 网页制作 ';

2. 使用 delete 语句删除 pxbgl 数据库的选课信息表(course_selection) 中的全部选课信息。

答:

delete from course_selection;

3. 使用 truncate 语句删除 pxbgl 数据库中的学员信息表(student_info)的所有学员信息。

答:

truncate table student_info;

数据库设计与应用（MySQL）

工作任务 3：查询单个数据表

任务 3-1 认识 SELECT 语句

1. 查询 pxbgl 数据库的学员信息表（student_info）中的所有学员信息。

答：

select * from student_info;

或：

select student_id,student_name,sex,telephone,address,IDtype,IDnumber,entrance_time,status,memo

from student_info;

2. 查询 pxbgl 数据库的学员信息表（student_info）中的学号（student_id），姓名（student_name）和电话号码（telephone）。

答：

select student_id,student_name,telephone from student_info;

3. 查询 pxbgl 数据库的学员信息表（student_info）中的地址（address）信息，并删除查询结果中的重复值。

答：

select distinct address from student_info;

4. 查询 pxbgl 数据库的课程信息表（course_info）中前 5 门课程信息。

答：

select * from course_info limit 5;

任务 3-2 按条件查询

1. 查询 pxbgl 数据库的 student_info 表中所有女生信息。

答：

select * from student_info where sex=' 女 ';

2. 查询 pxbgl 数据库的 course_info 表中所有学费（tuition) 低于 300 的课程的课程名。

答：

select course_name from course_info

　　where tuition<300;

3. 查询 pxbgl 数据库的 pay_info 表中有欠费的学员姓名（student_name）、欠费金额（arrearage）。

答：

select student_name,arrearage from pay_info

　　where arrearage<>0;

4. 查询 pxbgl 数据库的 student_info 表中所有姓 "李"（student_name）的女生信息，要求在查询结果中列出学号（student_id），姓名（student_name），电话号码（telephone），地

址（address）和入学时间（entrance_time）。

答：

select student_id,student_name,telephone,address,entrance_time

from student_info

where student_name like ' 李 %' and sex=' 女 ';

5. 查询 pxbgl 数据库的 student_info 表中备注（memo）信息不为空的学生信息，查询结果中列出学号（student_id）、姓名（student_name）和备注（memo）信息。

答：

select student_id,student_name,memo

from student_info

where memo is not null;

6. 查询 pxbgl 数据库选课信息表（course_selection）中选学"C 语言"、"Java 语言"和"网页制作"课的学号（student_id）、姓名（student_name）和课程名（course_name）。

答：

select student_id,student_name,course_name

from course_selection

where course_name in('C 语言 ','Java 语言 ',' 网页制作 ');

或：

select student_id,student_name,course_name

from course_selection

 where course_name ='C 语 言 ' or course_name='Java 语 言 ' or course_name=' 网 页制作 ';

任务 3-3　数据统计

1. 查询 pxbgl 数据库的学员信息表（student_info）中的学员信息，将查询结果按照学生证编号（IDnumber）升序排序。

答：

select * from student_info

order by IDnumber;

2. 查询 pxbgl 数据库的交费信息表（pay_info）中的欠费（arrearage）总额，并在查询结果中设置字段别名"欠费总额"。

答：

select sum(arrearage) 欠费总额

from pay_info;

或：

select sum(arrearage) as 欠费总额

from pay_info;

3. 查询 pxbgl 数据库的请假信息表（sleave），统计每个学员的请假次数。

答：

select student_id,count(student_id) 请假次数

    from sleave

    group by student_id;

4. 查询 pxbgl 数据库的交费信息表（pay_info），统计欠费（arrearage）总额大于 50 元的学员信息，要求列出学员编号（student_id）及学员欠费总额。

答：

select student_id,sum(arrearage) as 学员欠费总额

    from pay_info

    group by student_id

    having sum(arrearage)>50;

5. 查询 pxbgl 数据库的学生信息表（student_info）中所有地址（address）为无锡新区的学生信息。要求使用表别名 s 代替学生信息表（student_info）。

答：

select * from student_info as s

  where s.address=' 无锡新区 ';

或：

select * from student_info as s

  where s.address like '%. 无锡新区 %';

工作任务 4：查询多个数据表

任务 4-1　使用交叉连接查询多个数据表

1. 查询 pxbgl 数据库的学员信息表（student_info）和课程信息表（course_info）中的全部数据。

答：

select * from student_info,course_info;

或：

select * from student_info cross join course_info;

2. 查询 pxbgl 数据库的学员信息表（student_info）和课程信息表（course_info）中的全部数据，要求查询结果列出学号（student_id）、姓名（student_name）、电话号码（telephone）、课程编号（course_id）和课程名称（course_name）。

答：

select student_id,student_name,telephone,course_id,course_name from student_info,course_info;

或：

select student_id,student_name,telephone,course_id,course_name

　　from student_info cross join course_info;

任务 4-2　使用内连接查询多个数据表

1. 查询 pxbgl 数据库的 student_info 表和 course_selection 表，使用内连接查询每个学员的选课信息，要求列出学员编号（student_id）、学员姓名（student_name）、课程编号（course_id）和课程名称（course_name）。

答：

select a.student_id as 学员编号 ,a.student_name as 学员姓名 ,

course_id as 课程编号 ,course_name as 课程名

from student_info a inner join course_selection b

on a.student_id=b. student_id;

或：

select a.student_id as 学员编号 ,a.student_name as 学员姓名 ,

course_id as 课程编号 ,course_name as 课程名

from student_info a,course_selection b

where a.student_id=b. student_id;

2. 查询 pxbgl 数据库，列出所有已经交费的学员信息（student_info）及其交费信息（pay_info），要求查询结果列出学员编号（student_id）、学员姓名（student_name）、应交费用（origin_price）、已交费用（current_price）和欠费金额（arrearage）。

答：

select s.student_id,s.student_name,p.origin_price,p.current_price,p.arrearage

from student_info s inner join pay_info p

on s.student_id=p.student_id;

或：

select s.student_id,s.student_name,p.origin_price,p.current_price,p.arrearage

from student_info s,pay_info p

where s.student_id=p.student_id;

3. 在题目 2 的基础上查询没有欠费的学员信息及其交费信息，查询结果列出的内容与题目 2 相同。

答：

select s.student_id,s.student_name,p.origin_price,p.current_price,p.arrearage

from student_info s inner join pay_info p

on s.student_id=p.student_id

where p.arrearage=0;

或：

select s.student_id,s.student_name,p.origin_price,p.current_price,p.arrearage

from student_info s,pay_info p

where s.student_id=p.student_id and where p.arrearage=0;

4. 查询 pxbgl 数据库的 student_info 表和 arrearage 表，使用内连接查询每个学员的欠费信息，要求列出学员编号（student_id）、学员姓名（student_name）和欠费总额（arrears_total），并将查询结果按欠费总额升序排序。

答：

select s.student_id,s.student_name,a.arrears_total

from student_info s inner join arrearage a

on s.student_id=a.student_id

order by arrears_total asc;

或：

select s.student_id,s.student_name,a.arrears_total

from student_info s ,arrearage a

where s.student_id=a.student_id

order by arrears_total asc;

任务 4-3　使用外连接查询多个数据表

1. 使用左外连接查询 pxbgl 数据库的学员信息（student_info）表及其交费信息（pay_info）表中已交费学员信息和交费信息，要求查询结果列出所有学员（即包括未交学费的学员）的学员编号（student_id）、学员姓名（student_name）、应交费用（origin_price）、已交费用（current_price）和欠费金额（arrearage）。

答：

select s.student_id,s.student_name,p.origin_price,p.current_price,p.arrearage

from student_info s left join pay_info p

on s.student_id=p.student_id;

2. 使用右外连接实现题目 1 的查询。

答：

select s.student_id,s.student_name,p.origin_price,p.current_price,p.arrearage

from pay_info p right join student_info s

on s.student_id=p.student_id;

3. 通过左外连接查询 pxbgl 数据库的学员信息（student_info）表及其交费信息（pay_info）表中未交费学员信息，要求查询结果列出学员编号（student_info）、学员姓名（student_name）和联系电话（telephone）。

答：

select s.student_id,s.student_name,telephone

from student_info s left join pay_info p

on s.student_id=p.student_id

where current_price is null;

4.通过右外连接实现题目 3 的查询。

答：

select s.student_id,s.student_name,telephone

from pay_info p right join student_info s

on s.student_id=p.student_id

where current_price is null;

工作任务 5：使用子查询

任务 5-1　认识子查询

1. 使用子查询查询 pxbgl 数据库的 sleave 表和 student_info 表，列出请假学员的学员编号（student_id）、学员姓名（student_name）和学员电话（telephone）。

答：

select student_id,student_name,telephone

from student_info

where student_id in (select student_id from sleave);

2. 使用子查询查询 pxbgl 数据库的 pay_info 表和 user_info 表，找出用户名为张三的用户经手的收费信息，要求查询结果列出学员编号（student_id）、学员姓名（student_name）、已交费用（current_price）和用户编号（user_id）。

答：

select student_id,student_name,current_price,user_id

from pay_info

where user_id=(

  select user_id from user_info

  where user_name=' 张三 ');

任务 5-2　使用集合成员测试子查询查询数据表

1. 使用子查询查询 2010 年 9 月 2 日入学的学员所选课程名称和课时数。

答：

select course_name,perior

from course_info c

where c.course_id in

 (select s.course_id from course_selection s where s.student_id in

(select st.student_id from student_info st where entrance_time ='2010-9-2')

);

2. 使用集合成员测试子查询查询 pxbgl 数据库的 course_selection 表和 course_info 表，查询姓名为"张林"的学员选课的课程信息，要求列出课程名称（course_name）、课程学费（tuition）。

答：

select course_name,tuition

from course_info

where course_id in(

select course_id

from course_selection

where student_name=' 张林 ');

任务 5-3　使用存在性测试子查询查询数据表

1. 使用存在性测试子查询查询 pxbgl 数据库的欠费信息 arrearage 表，如果存在欠费的同学，就查询交费信息表 pay_info 中的交费信息。

答：

select * from pay_info

where exists

(select * from arrearage

where arrears_total>0);

2. 使用存在性测试子查询查询 pxbgl 数据库的请假信息 sleave 表，如果有请假的学员，查询出请假学员的具体信息，包括学员姓名（student_name）、学员性别（sex）和联系电话（telephone）。

答：

select student_name,sex,telephone

from student_info

where exists

(select * from sleave

where sleave.student_id=student_info.student_id);

任务 5-4　使用比较测试子查询查询数据表

1. 使用比较测试子查询查询 pxbgl 数据库的 pay_info 表，列出欠费金额大于平均值的交费信息，要求查询结果列出学员编号（student_id）、学员姓名（student_name）、已交费用（current_price）和欠费金额（arrearage）。

答：

select student_id,student_name,current_price,arrearage

from pay_info where arrearage>

(select avg(arrearage)

from pay_info);

2. 使用比较测试子查询查询 pxbgl 数据库的 pay_info 表，列出比 1 号用户（user_id）经手的所有已交费用都高的交费信息，要求结果列出学员编号（student_id）、学员姓名（student_name）和已交费用（current_price）。

答：

select student_id,student_name,current_price

from pay_info

where current_price>all(

select current_price from pay_info

　　where user_id=1);

工作任务 6：使用索引提高数据查询效率

任务 6-1　创建和查看索引

1. 在 pxbgl 数据库中创建 teacher_info 表，表中包含字段如下：

teacher_id，6 位字符型，teacher_name，10 位可变长字符型，gender，1 位字符型，title，10 位可变长字符型，birth，日期型。要求创建表时在 teacher_name 字段上创建一个名为 index_name 的普通索引。

答：

create table teacher_info(

teacher_id char(6),

teacher_name varchar(10),

gender char(1),

title varchar(10),

birth date,

index index_name(teacher_name));

2. 在 pxbgl 数据库的 pay_info 表中的 memo 字段上创建一个名为 index_mem 的全文索引，要求使用 CREATE INDEX 语句。

答：

create fulltext index index_mem

on pay_info(memo);

3. 在 pxbgl 数据库的 course_selection 表中的 student_id 和 course_id 字段上创建一个名为 index_id 的多列索引，要求使用 ALTER TABLE 语句。

答：

191

alter table course_selection

add index index_id(student_id,course_id);

任务 6-2　删除索引

1. 删除 pxbgl 数据库的 teacher_info 表中的名为 index_name 的普通索引。

答：

drop index index_name on teacher_info;

或：

alter table teacher_info drop index index_name;

2. 查看 pxbgl 数据库的 pay_info 表中的 memo 字段上的名为 index_mem 的全文索引是否生效。

答：

explain select * from pay_info where memo is not null \G;

3. 删除 pxbgl 数据库的 course_selection 表中的名为 index_id 的多列索引。

答：drop index index_id on course_selection;

或：alter table course_selection drop index index_id;

工作任务 7：使用视图提高复杂查询语句的复用性

任务 7-1　认识视图

1. 在 pxbgl 数据库中创建可查询女性学员基本信息（student_info 表）的名为 view_student_info 的视图。

答：

create view view_student_info

as

select * from student_info

where sex=' 女 ';

2. 在 pxbgl 数据库中创建统计学员请假次数的视图 "view_leave"，需要使用请假信息表 sleave。

答：

create view view_leave

as

select student_id as 学员编号 ,count(student_id) 请假次数

from sleave

group by student_id;

3. 在 pxbgl 数据库中创建统计培训班学员欠费情况的视图 "view_arrears"，需要使用交费信息表 pay_info。

答：

create view view_arrears

as

select student_id as 学员编号 ,sum(arrearage) 总欠费金额

from pay_info

group by student_id;

4. 在 pxbgl 数据库中创建学员选课信息的视图 "view_course_selection"，需要使用学员信息表（student_info）和选课信息表（course_selection），列出学员编号（student_id）、学员姓名（student_name）、学员性别（sex）、课程编号（course_id）、课程名称（course_name）。

答：

create view view_course_selection

as

select a.student_id as 学员编号 ,a.student_name as 学员姓名 ,sex as 学员性别 ,

course_id as 课程编号 ,course_name as 课程名

from student_info a,course_selection b

where a.student_id=b.student_id;

任务 7-2　通过视图修改基本表中数据

1. 通过 "view_student_info" 视图添加女学员数据，内容为：14，吕欣欣，女，05139123532*，南通市区，学生证，123654，20210301，正常，NULL。

答：

insert into view_student_info

(student_id,student_name,sex,telephone,address,IDtype,IDnumber,entrance_time,status,memo)

values(14,' 吕欣欣 ',' 女 ','05139123532*',' 南通市区 ',' 学生证 ','123654','20210301',' 正常 ',NULL);

或：

insert into view_student_info

values(14,' 吕欣欣 ',' 女 ','05139123532*',' 南通市区 ',' 学生证 ','123654','20210301',' 正常 ',NULL);

2. 通过 "view_student_info" 视图修改数据，要求把学员编号为 14 的学员姓名改为 "李欣"。

update view_student_info

set student_name=' 李欣 '

where student_id=14;

3. 通过 "view_course_selection" 视图修改数据，把课程编号为 1 的课程名称改为 "C 语言程序设计"。

答：

update view_course_selection

set 课程名 ='C 语言程序设计 '

where 课程编号 =1;

4. 通过 "view_student_info" 视图删除数据，要求把学员编号为 14 的学员删除。

答：

delete from view_student_info

where student_id=14;

工作任务 8：实施数据库的数据完整性

任务 8-1　使用约束保证数据表内的行唯一

1. 将 pxbgl 数据库的学生信息表（student_info）中的学员编号（student_id）字段设置成主键约束。

答：

alter table student_info

add primary key(student_id);

2. 将 pxbgl 数据库的学生信息表（student_info）中的学员姓名（student_name）字段设置成唯一约束。

答：

alter table student_info

add unique(student_name);

3. 将 pxbgl 数据库的选课信息表（course_selection）中的学员编号（student_id）和课程编号（course_id）两个字段设置为联合主键约束。

答：

alter table course_selection

add primary key(student_id,course_id);

4. 将 pxbgl 数据库的请假信息表（sleave）中的编号（id）字段设置为主键约束，并自动增值。

答：

alter table sleave modify id int primary key auto_increment;

5. 在 pxbgl 数据库中新建一个上海学员信息表（sh_student），字段分别为：sno int，sname varchar(10)，age int，gender char(1)，所有字段都不能为空，其中 sno 设置为自动增值，主键约束，sname 设置为唯一约束。

答：

create table sh_student(sno int primary key auto_increment,sname varchar(10) not null unique,gender char(1));

任务 8-2 使用约束检查域完整性

1. 为 pxbgl 数据库的 course_info 表中的 memo 字段设置非空约束。

答：

alter table course_info modify memo text not null;

2. 将 pxbgl 数据库的 course_info 表中的 memo 字段的数据类型修改为 100 位可变长字符型，并设置默认值约束，默认值为 "必修"。

答：

alter table course_info modify memo varchar(100) default ' 必修 ';

3. 创建新表 newcourse，具体字段为：cno int，cname varchar(50)，perior int，要求表中 cno 字段不能为空，perior 字段设置默认值约束，默认值为 64。

答：

create table newcourse(cno int not null,cname varchar(50),perior int default 64);

任务 8-3 使用约束检查参照完整性

1. 在 pxbgl 数据库的 course_selection 表中的 student_id 字段上设置外键约束，约束名称为 fk_id，该字段参照 student_info 表中的 student_id 字段。

答：

alter table course_selection

add constraint fk_id foreign key(student_id) references student_info(student_id);

2. 在 pxbgl 数据库的 course_selection 表中的 course_id 字段上设置外键约束，约束名称为 fk_cid，该字段参照 course_info 表中的 course_id 字段，并且要求该外键约束能够实现级联删除。

答：

alter table course_selection

add constraint fk_cid foreign key(course_id) references course_info(course_id)

on delete cascade;

3. 删除上述 2 个题目中创建的外键约束。

答：

alter table course_selection drop foreign key fk_id;

[alter table course_selection drop key fk_id;]

alter table course_selection drop foreign key fk_cid;

alter table course_selection drop key fk_cid;

工作任务 9：使用用户自定义函数

任务 9-1　认识用户自定义函数

1. 创建一个名为 forSum 的自定义函数，要求该函数有两个参数 a 和 b，两个参数都是整型数据，函数返回值也是整型数据。

答：

```
delimiter //
create function forSum(a int,b int)
returns int
  begin
  return(a+b);
  end
//
delimiter ;
```

2. 调用自定义函数 forSum 求 35 与 45 的和，并将函数调用结果赋值给用户变量 @fun，然后查看变量 @fun 的值。

答：

```
select forSum(35,45) into @fun;
select @fun;
```

3. 查看自定义函数 forSum 的创建信息。

答：

```
show create function forSum;
```

4. 删除自定义函数 forSum。

答：

```
drop function forSum;
```

任务 9-2　创建用户自定义函数

1. 在 pxbgl 数据库中创建自定义函数 arrea，要求该函数返回 pay_info 表中的欠费总额（arrearage 字段求和），并调用该函数。

答：

创建 arrea 函数：

```
delimiter $
create function arrea()
returns float
begin
  declare qf float;
```

学习笔记

```
select sum(arrearage) into qf
  from pay_info;
  return qf;
end;
$
delimiter ;
```

调用 arrea 函数：

```
select arrea();
```

2. 在 pxbgl 数据库中创建自定义函数 coursenum，要求该函数能够根据学员姓名统计出该学员的选课门数，需要用到 course_selection 表。创建后调用函数返回"张林"选课的门数。

答：

创建 coursenum 函数：

```
create function coursenum(n varchar(50))
returns int
begin
declare c int;
select count(course_Id) into c
from course_selection
where student_name=n;
return c;
end;
```

调用 coursenum 函数：

```
select coursenum(' 张林 ');
```

3. 在 pxbgl 数据库中创建一个统计学员培训天数的自定义函数 pxDays，要求通过学员编号和学员姓名两项内容统计，返回学员培训天数。创建后调用函数返回 11 号"李小林"的培训天数。

答：

创建 pxDays 函数：

```
delimiter //
create function pxDays(no int,name varchar(50))
returns int
begin
 declare rxDay datetime;
 select entrance_time into rxDay
```

学习笔记

```
from student_info where student_id=no and student_name=name;
 return datediff(curdate(),rxDay);
end;
//
delimiter ;
```

调用 pxDays 函数：

```
select pxDays(11,' 李小林 ');
```

4. 创建一个自定义函数 mul，要求该函数返回 5!。

使用 while 语句：

```
delimiter //
create function mul()
returns int
begin
 declare i int default 1;
 declare m int default 1;
 while i<=5 do
 set m=m*i;
 set i=i+1;
 end while;
 return m;
end;
//
delimiter ;
```

使用 loop 语句：

```
create function mul()
returns int
begin
declare i int default 1;
declare m int default 1;
mmm:loop
set m=m*i;
set i=i+1;
if i>5 then return m;
leave mmm;
end if;
```

end loop mmm;

end;

使用 repeat 语句：

create function mul()

returns int

begin

declare i int default 1;

declare m int default 1;

repeat

set m=m*i;

set i=i+1;

until i>5 end repeat;

return m;

end;

任务 9-3　使用游标

1. 使用游标创建自定义函数 female，统计 pxbgl 数据库中的女学员信息（student_info）的个数。调用 female。

答：

创建 female 函数：

delimiter //

create function female()

　returns int

　begin

　declare n int default 0;

　declare flag integer default 1;

　declare sid int;

　declare cc cursor for select student_id from student_info

　where sex=' 女 ';

　declare continue handler for not found set flag=0;

　open cc;

　fetch cc into sid;

　while flag<>0 do

　if sid>0 then

　set n=n+1;

　end if;

```
fetch cc into sid;
end while;
return n;
close cc;
end//
delimiter ;
```

调用 female 函数：

```
select female();
```

2. 在 pxbgl 数据库中创建自定义函数 cnum，要求使用游标遍历的方式统计 course_info 表中学时数为 64 的课程的门数。调用 cnum。

答：

创建 cnum 函数：

```
delimiter //
create function cnum()
returns int
begin
declare n int default 0;
declare flag int default 1;
declare cid int;
declare c_cid cursor for select course_id from course_info where perior=64;
declare continue handler for not found set flag=0;
open c_cid;
fetch c_cid into cid;
ll:loop
if cid>0 then set n=n+1;
end if;
fetch c_cid into cid;
if flag=0 then leave ll;
end if; end loop;
return n;
close c_cid;
end//
delimiter ;
```

调用 cnum 函数：

```
select cnum1();
```

200

3. 在 pxbgl 数据库中创建自定义函数 asum，要求使用游标结合循环计算 pay_info 表中的欠费（arrearage）总额。调用 asum。

答：

创建 asum 函数：

```
delimiter //
create function asum()
returns float
begin
declare qf float;
declare flag int default 1;
declare ze float default 0;
declare arrearea cursor for select arrearage from pay_info;
declare continue handler for not found set flag=0;
open arrea;
fetch arrea into qf;
repeat
if qf>0 then set ze=ze+qf;
end if;
 fetch arrea into qf;
 until flag=0 end repeat;
 return ze;
 close arrea;
 end//
delimiter ;
```

调用 asum 函数：

```
select asum();
```

工作任务 10：使用存储过程

任务 10-1　认识存储过程

1. 在 pxbgl 数据库中创建一个查询学员基本信息（student_info）的存储过程 proc_jb 并调用该存储过程。

答：

创建存储过程 proc_jb：

```
delimiter //
create procedure proc_jb()
```

学习笔记

```
begin
select * from student_info;
end //
delimiter ;
```

调用存储过程 proc_jb：

```
call proc_jb();
```

2. 在 pxbgl 数据库中创建一个查看学员请假次数的存储过程 proc_qj，要求带输入参数表示学员编号。调用该存储过程查看 1 号学员的请假次数。

答：

创建存储过程 proc_qj：

```
delimiter //
create procedure proc_qj(in sid int)
begin
select student_id as 学员编号 ,count(student_id) as 请假次数
from sleave
where student_id=sid
group by student_id;
end //
delimiter ;
```

调用带输入参数存储过程 proc_qj：

```
call proc_qj(1);
```

3. 在 pxbgl 数据库中创建一个从 pay_info 表中根据学员编号查看其欠费的存储过程 proc_qf，要求学员编号（student_id）为输入参数，欠费金额（arrearage）为输出参数。调用该存储过程查看 1 号学员的欠费金额。

答：

创建存储过程 proc_qf：

```
delimiter //
create procedure proc_qf(in sid int, out qf float)
begin
select arrearage into qf from pay_info where student_id=sid;
end//
delimiter ;
```

调用带输入、输出参数的存储过程 proc_qf：

```
call proc_qf(1,@a);
select @a;
```

任务 10-2　创建、使用存储过程

1. 在 pxbgl 数据库中创建存储过程 proc_xk，功能为根据学员编号（student_id）查询选课表（course_selection）中该学员的选课信息。调用存储过程 proc_xk 查看 1 号学员的选课信息。

答：

创建存储过程 proc_xk：

delimiter //

create procedure proc_xk(IN xybh int)

begin

select * from course_selection

where student_id=xybh;

end //

执行 proc_xk 存储过程：

delimiter ;

call proc_xk(1);

2. 在 pxbgl 数据库中创建存储过程 proc_kc，功能是根据输入的课程名关键词查询课程信息表（course_info）中包含该关键词的课程信息。调用存储过程 proc_kc 查看包含 "语言" 的课程信息。

答：

创建存储过程 proc_kc：

delimiter //

create procedure proc_kc(IN km varchar(20))

begin

select * from course_info

where course_name like concat('%',km,'%');

end//

调用 proc_kc 存储过程：

delimiter ;

mysql> call proc_kc(' 语言 ');

工作任务 11：设置触发器

任务 11-1　认识触发器

1. 在 pxbgl 数据库中为 pay_info 表创建一个插入 after 触发器 qf_insert，当向该表中插入数据时，根据应付金额和实付金额判断是否欠费，如果欠费则将相关信息插入到 arrears 表中。

答：

```
delimiter //
create trigger qf_insert
after insert on pay_info
for each row
begin
if new.origin_price-new.current_price >0 then
insert into arrears(student_id,arrears_total)
values(new.student_id, new.origin_price-new.current_price);
end if;
end //
delimiter ;
```

2. 向 pay_info 表中插入一条记录：编号：6；学员编号：6；姓名：李云；应付金额：300；优惠金额：0；实付金额：200；欠费金额：100；交费日期：2010-9-3；操作员：3；备注：null。验证 qf_insert 的效果。

答：

```
insert into pay_info
(id,student_id,student_name,origin_price,discount_amount,
current_price,arrearage,pay_date,user_id)
values(6,6,' 李云 ',300,0,200,100,'2020-9-3',3);
```

任务 11-2   创建并使用触发器

1. 在 pxbgl 数据库中为 student_info 表创建一个删除 after 触发器，当删除 student_info 表中一个学员信息时，将 course_selection 表中该学员的信息也删除。

答：

```
delimiter $$
create trigger xy_delete
after delete on student_info
for each row
begin
delete from course_selection
where student_id=old.student_id;
end $$
delimiter ;
```

2. 在 pxbgl 数据库中为课程信息表（course_info）创建一个更新 after 触发器，当更改表中的课程名时，course_selection 表中的课程名也自动发生更改。

答：

```
delimiter $$
create trigger kc_update
after update on course_info
for each row
begin
update course_selection
set course_name=new.course_name
where course_name=old.course_name;
end $$
delimiter ;
```

3. 在 pxbgl 数据库中为 pay_info 表创建一个更新 after 触发器，当用户修改 id 列时，触发器禁止该操作，并给出提示信息"编号不能进行修改！"

答：

```
delimiter $$
create trigger check_bh
after update on pay_info
for each row
begin
if new.id<>old.id then
set @e='编号不能进行修改！';
update pay_info set id=old.id where id=new.id;
else
set @e='';
end if;
end $$
delimiter ;
```

参 考 文 献

[1] 王飞飞, 崔洋, 贺亚茹, 等. MySQL 数据库应用从入门到精通 [M]. 北京: 中国铁道出版社, 2014.

[2] 唐洪涛, 张笑, 贺晓春, 等. 数据库应用基础 [M]. 上海: 上海交通大学出版社, 2020.

[3] 传智播客高教产品研发部. MySQL 数据库入门 [M]. 北京: 清华大学出版社, 2017.

[4] 汪晓青. MySQL 数据库基础实例教程 [M]. 北京: 人民邮电出版社, 2020.

[5] 唐汉明, 翟振兴, 关宝军, 等. 深入浅出 MySQL: 数据库开发、优化与管理维护 [M]. 北京: 人民邮电出版社, 2014.

[6] 施瓦茨, 扎伊采夫, 特卡琴科. 高性能 MySQL(第 3 版)[M]. 宁海元, 周振兴, 彭立勋, 等译. 北京: 电子工业出版社, 2013.